# 스마트 기술로 만들어 가는
# 4차 산업혁명

스마트 기술로 만들어 가는
# 4차 산업혁명

## THE FOURTH INDUSTRIAL REVOLUTION

김대훈
장항배
박용익
양경란

박영사

contents

# 차 례

# 프롤로그

4차 산업혁명이라는 용어는 이제는 모르는 사람이 없을 정도로 널리 퍼진 것 같습니다. 하지만 아직도 주위에서 도대체 4차 산업혁명의 실체가 뭐냐고 하는 질문을 종종 받고 있습니다. 왜 이렇게 널리 퍼진 용어인데도 그 내용에 대해서는 잘 모르겠다는 사람들이 많을까요?

서점에 가보면 4차 산업혁명을 주제로 한 책이 많이 있고, 저도 여러 권을 사서 보기도 하였지만 책마다 새로운 기술에 대한 설명은 많은데 읽어 보면 과연 4차 산업혁명이 무엇인지에 대한 설명은 저마다 달라 여전히 혼동만 주고 있었습니다.

이런 상황에서 제가 4차 산업혁명에 대한 책을 또 출판해서 사람들에게 혼란을 더 줄 수도 있겠다는 걱정도 했습니다만, 이 책을 쓰게 된 직접적인 계기는 작년에 학생들을 대상으로 4차 산업혁명에 대한 이해를 돕는 특강자료를 만들면서 입니다.

특강자료에는 당연히 산업혁명은 어떻게 정의되는지, 4차 산업혁명 이전에는 어떤 산업혁명이 있었는지, 4차 산업혁명은 어떻게 정의되고 있는지 등의 산업혁명에 대한 기본 이해로 시작해서 4차 산업혁명을 특징짓는 기술들과 4차 산업혁명으로 인한 산업의 변화 그리고 이러한 변화에 대한 대응 방안들이 포함되어야 한다고 생각하고 내용을 만들어 갔습니다.

특강자료는 당연히 강의를 위해 PPT 형태로 만들어 졌으며 특강자료를 만드는 과정에 이 책의 공저자인 박용익 전무와 양경란 총괄의 도움이 절대적이었습니다. 처음 스토리라인을 만드는 과정부터 시작해서 구체적인 장표를 만드는 과정까지 이 두 분의 헌신적인 도움이 없었으면 강의자료는 만들어질 수 없었을 겁니다. 두 분은 제가 LGCNS의 CEO로 재직하던 기간에 엔트루 컨설팅에서 저와 함께 매년 엔트루월드에서 발표했던 새로운 IT기술의 동향과 산업의 변화에 대한 자료를 같이 준비했던 경험이 있어 담겨야 할 주요 내용에 공감대를 형성하고 확정하는 데는 큰 어려움이 없었습니다. 그리고 자료를 만드는 논의 과정에서 4차 산업혁명을 설명할 키워드로 지난 6년간 엔트루월드에서 발표해 왔던 스마트 기술이 클라우스 슈밥이 주창하고 있는 4차 산업혁명의 동인이 되는 새로운 기술들과 일맥상통하고 있음을 확인할 수 있었습니다.

이렇게 만들어진 자료로 학생들을 위한 특강과 몇 차례의 강의에 활용하다 보니, 이 자료를 제한된 자리에서 제한된 인원들에게만 설명을 하는 것으로 사용하기에는 아깝다는 생각이 들어 PPT로 만들어진 자료를 기반으로 책 형태로 바꾸는 작업을 시작한 것이 일년이 되었습니다. 10년 전에 책을 한 권 번역해 본 경험은 있지만 새롭게 책을 쓰는 작업은 처음 해 본 저에게, 책을 쓴다는 것이 얼마나 어려운 작업인가를 깨닫게 해 준 과정이었고 도중에 거의 포기상태까지 간 적도 있었습니다. 이때 같은 학교에 재직 중인 장항배 교수의 도움이 없었으면 이 책은 나오지 못했고 PPT 장표로만 남았을 겁니다. 장항배 교수가 이 책의 3장과 4장인 스마트 기술의 상세와 스마트 산업에 대한 설명 부분을 빠르게 책 형태로 바꾸어 준 덕분에 책을 만드는 작업이 순조롭게 재개되기 시작하였고 책 출판 분야의 문외한인 저에게 또 하나의 벽이었던 출판사 섭외도 장 교수 덕분에 쉽게 해결되었습니다. 이 책의 공저자인 세 분께 진심으로 감사드립니다.

이 책은 5장으로 구성되어 있습니다.

1장에서는, 4차 산업혁명에 이르는 산업혁명에 대한 역사와 4차 산업혁명을 이해하며 혼동스러웠던 점들을 설명하는 내용으로 구성되어 있습니다. 1차 산업혁명까지는 산업혁명을 설명하는 모든 자료들이 이견들이 없습니다만, 2차 산업혁명부터 설명하는 관점에 따라 차이를 보이기 시작합니다. 2차 산업혁명만 하더라도 산업혁명을 제조업 중심으로만 보는 독일에서는 그 동인이 되는 기술을 전기에 의한 대량생산기술만으로 국한하고 있는데 반하여, 대부분의 경제사 자료에서는 19세기 말에서 20세기 초에 발명된 전기만이 아니라 석유를 정제하며 분화되기 시작한 화학산업, 자동차를 필두로 확산되기 시작한 기계산업, 생물학에서 발전되어 산업화하기 시작한 의료산업 등 현재 우리가 이해하고 있는 거의 모든 산업들이 만들어진 시기를 2차 산업혁명이라고 보고 있습니다.

3차 산업혁명에 대해서는 특강자료를 만들 때만 해도 제레미 리프킨이 3차 산업혁명을 주창하였고 그 내용은 정보화 혁명이라고 알고 있었습니다. 하지만 책으로 바꾸는 과정에서 자료들을 확인해 본 결과 제레미 리프킨이 주창한 3차 산업혁명은 에너지 중심의 산업혁명이었고 3차 산업혁명이 이제 막 시작되고 있다고 보고 있어 4차 산업혁명을 연계해 설명할 수 있는 내용이 아니었습니다. 우리가 정보화 혁명으로 알고 있는 3차 산업혁명에 대해서도 심지어는 4차 산업혁명을 주창한 클라우스 슈밥도 3차 산업혁명에 대한 설명이 모호한 부분이 있었습니다만 이러한 내용을 포함해서 3차 산업혁명을 어떻게 이해해야 하는지를 설명하였습니다.

또한 일부에서는 4차 산업혁명과 동일시하고 있는 인더스트리 4.0도 4차 산업혁명과 어떻게 다르게 이해해야 하는지도 이번

장에서 꽤 많은 분량을 할애하여 설명하였고, 4차 산업혁명에 대해서는 클라우스 슈밥이 2016년에 출간한 책, 『제4차 산업혁명』의 내용을 압축하여 소개함으로써 4차 산업혁명이라는 화두를 던진 저자의 생각을 그대로 이해할 수 있도록 하였습니다.

　2장에서는, 이 책의 제목에도 언급되고 있는 스마트 기술이 어떤 과정을 거쳐 만들어지고 발전되었는지를 설명하였습니다. 스마트 기술이라는 용어가 많이 들어 본 듯도 하겠지만 실제로는 제가 LGCNS의 CEO로 부임한 첫 해인 2010년에 처음으로 발표한 용어입니다. 첫 발표 시에는 스마트폰의 보급 확대로 인한 모바일 빅뱅이 IT 기술과 연관 산업에 영향을 미쳐 크고 빠른 변화가 밀어 닥칠 것으로 보았고 이 과정에 사람과 산업을 똑똑하게 만들어 가는 여러 IT 기술들을 총칭해서 스마트 기술로 명명했습니다. 이후 엔트루월드를 통해 5년 동안 매년 신기술의 동향과 산업에의 영향을 발표하며 발전시켜간 개념이 스마트 기술 1.0과 2.0으로 진화해 갔고 이때 발표되었던 내용들이 2016년 클라우스 슈밥이 발표한 4차 산업혁명의 내용과 거의 일치하였음을 이번 작업 과정을 통해 확인할 수 있었습니다. 물론 인공지능 같은 경우는 2016년 이후에 더 부각되어 스마트 기술 2.0에는 빅데이터 수준의 인텔리전스 기술이 언급되었지만 그 맥락은 거의 일치하였고 추가로 부각된 기술의 진보를 반영하여 작년에 특강자료를 준비하며 스마트 기술 3.0의 정의를 업데이트하였습니다. 4차 산업혁명을 이해하려고 할 때 가장 혼동스러워 하는 점이 동인으로 거론되는 신기술의 다양성과 3차 산업혁명의 동인으로 이해하고 있는 디지털 기술과의 차이입니다. 2장에서는 이러한 점을 해소하고자 스마트 기술을 중심으로 4차 산업혁명을 이해할 수 있도록 설명하였습니다.

3장에서는, 2장에서 설명된 스마트 기술을 상세하게 이해할 수 있도록 하기 위해 스마트 기술을 구성하고 있는 하부 기술들을 Break Down해서 설명하였습니다. 기반 기술로 컴퓨팅, 클라우드, 빅데이터 기술을 개별적으로 이해하기 쉽도록 설명자료를 만들었으며, 4차 산업혁명의 화두 중의 하나인 초연결을 가능하게 하는 기술들로 Connected Smart Device, 5G, 블루투스 5.0 등을 포함한 네트워크 기술, IOT, 블록체인을 소개하였습니다. 이어서 4차 산업혁명에서 빼놓을 수 없는 기술인 인공지능 기술의 발전 역사와 배경 그리고 향후 발전 방향까지를 설명하였고 마지막으로 여러 신기술이 융합되어 만들어진 자율주행, 로봇, AR/VR, 3D 프린팅 기술들을 소개하였고 이러한 융합기술에 어떤 기술들이 활용되어 융합이 이루어졌는지도 보완해서 설명했습니다. 기술적인 용어에 익숙하지 않거나 관심이 적은 분들은 이 장을 건너뛰어도 좋을 듯합니다.

4장에서는, 스마트 기술이 적용되어 산업에 변화가 일어나고 있는 사례들을 모아 보았습니다. 물론 이러한 사례는 지금도 계속 쏟아져 나오고 있고 더 좋은 사례도 있을 수 있겠습니다만 작년 시점에 특강자료를 만들 때 넣었던 사례들을 대부분 그대로 사용하였음에 대한 양해 부탁드립니다. 스마트 헬스케어 산업의 사례로는 존스 홉킨스 대학, IBM의 Watson, Avizia 등의 사례를, 스마트 팩토리 사례로는 Adidas, 스마트 농업의 사례로는 블루리버 테크놀로지, 구글의 인공지능 활용 사례, 인공광 스마트 팜 등을 소개하였습니다. 스마트 유통의 사례로는 무인점포의 미래를 보여준 Amazon Go, 스마트 교통의 사례로는 자율주행의 발전을 보여주고 있는 OTTO, 현대차 Xcient, 우버 등을, 스마트 금융의 사례로는 알리바바의 앤트 파이낸셜 사례를 소개하고 있습니다. 그리고 스마트 물류의 사례로 아마존의 키바, UPS의 드론을 활용한 사례, 스마트 시티의 사례로는 싱가포르의 디지털 트윈 시티와 The Edge사의 사례를 실었습니다.

5장에서는, 4차 산업혁명 시대에 일어나고 있는 변화를 어떻게 대응해가야 할지를 몇 가지 관점에서 정리해 보았습니다. 우선 4차 산업혁명 시대에 어떤 변화가 일어나고 있는지를 앞에서 많은 설명이 있었습니다만 리마인드 차원에서 요약해서 정리해 보았고, 4차 산업혁명 시대에 대한 대응 방안의 키워드로 스마트 기술, Disruptive Innovation, Convergence Innovation, Open Innovation으로 정리해 소개하였습니다. 이어서 4차 산업혁명 시대에 필요한 역량, 사고 행동의 새로운 패러다임으로는 제가 산업계 현장에서 실무를 하면서 직접 사용하였거나 직원들에게 가이드했던 내용들을 정리하여 설명하였습니다. 양손잡이, Ready－Fire－Aim, Think Big Start Small Move Fast, Spiral Growth, Design Thinking, Open Innovation 등이 그 키워드입니다.

다음으로 4차 산업혁명에 대한 각국의 대응 전략을 소개하였는데 독일, 미국, 일본, 중국, 한국의 순으로 정리하였으며 이 중 눈여겨보아야 할 국가는 단연 중국으로 생각됩니다. 그리고 4차 산업혁명으로 인해 일어날 문제 중에 가장 많은 사람들이 걱정하고 있는 주제인 고용시장의 변화와 대응을 다루었으며 이와 연관된 주제로 4차 산업혁명 시대가 요구하는 인재의 모습을 설명함으로써 5장을 마무리하였습니다.

"4차 산업 혁명" 어떻게 이해하고 어떻게 받아들이고 대응해야 할까요? 아직도 3차 산업혁명과 4차 산업혁명이라는 용어의 사용에 혼란스러워 하고 인공지능, IOT, 블록체인 등 새로운 기술들에 막연한 두려움을 가지고 있는 분들도 보입니다. 하지만 막연히 혼란스러워 하고 두려움만 가지고 시간을 허비하기에는 4차 산업혁명이 촉발하여 지금 밀어 닥치고 있는 변화의 속도가 엄청 빠르고 변화의 폭이 큰 것은 분명합니다. 그러면 지금 우리가 가져야 할 자세는 과연 어떤 것이어야 할까요? 지금 우리 앞에는 거대한 쓰나미가 몰려오고 있거나 타이타닉호를 침몰시켰던 커다란 빙산이 우리 앞에 와 있을 수도 있습니다. 이런 위기

상황일수록 상황을 객관적이고 균형잡힌 시각으로 파악하지 못하고 우왕좌왕하거나 작은 기득권을 지키기 위해 논쟁만을 벌이고 있다가는 과거에 우리의 선조가 세계적인 산업혁명의 조류를 읽지 못해 나라를 빼앗겼던 역사가 반복될 수도 있지 않을까요?

지금 우리나라의 경제와 산업은 중요한 분기점에 와 있습니다. 산업화에 뒤쳐져서 고생했던 역사가 아직도 생생하고, 그간 몇십 년 간의 피나는 노력으로 산업화를 겨우 따라잡고 정보화 혁명에서 남들보다 약간 앞섰다는 평가를 받고 있던 중에, 4차 산업혁명이라고 하는 새로운 변화가 다시 밀어닥치고 있습니다. 과거 우리의 선조가 세계의 흐름을 제대로 따라가지 못해 후손들이 고생을 했던 역사를 반복하지 않으려면 현상을 유지하려는 자세보다는 새로운 변화에 어떻게 제대로 대응할 것인가 적극적으로 변화를 받아들이는 자세가 필요하고 이에 우리 모두의 힘과 노력을 쏟아부어야 하겠습니다. 그런 면에서 이번에 출간하는 이 책이 4차 산업혁명을 이해하고 대응해 가는 노력에 조금이라도 도움이 되었으면 합니다.

마지막으로 이 책의 출판을 과감하게 결정해 주신 박영사의 박세기 부장님과 끝까지 많은 아이디어 제공과 교정으로 도움을 주신 한두희 대리, 표지를 예쁘게 디자인해 준 권효진 디자이너, 특강 자료를 만드는데 현장에서 애써 주신 엔트루 컨설팅 디지털 전략 그룹의 이동민 총괄과 윤진식 책임, 그리고 이 책의 준비 과

정부터 큰 관심을 보여 주고 작업 환경 마련에 큰 도움을 준 아들 정우와 내조와 기다림으로 도움을 준 아내 그리고 지속적으로 관심을 보이며 응원해 준 딸 정민에게 감사를 드립니다.

2018년 가을 흑석동 연구실에서

중앙대학교 석좌교수 김대훈

# CHAPTER 1

# 산업혁명

# 01 Chapter

# 산업혁명

## 들어가며

요즘 4차 산업혁명이라는 말을 귀에 못이 박힐 정도로 많이 듣고 계시리라 생각됩니다.

신문지상에서도, TV를 통해서도 그리고 많은 사람들이 4차 산업혁명시대가 도래했고 빨리 정신 차려 대응하지 않으면 앞으로 먹고 살 일에 큰일이 날 거라며 4차 산업혁명에 대해 나름대로의 정의와 4차 산업혁명시대의 새로운 기술, 그리고 일자리의 변화를 비롯한 사회현상의 변화에 대해 이야기들을 하고 있습니다. 그렇다면 과연 4차 산업혁명이라는 용어가 언제부터 어떤 계기로 우리에게 화두가 되었을까요?

4차 산업혁명이라는 용어는 2016년 1월 다보스포럼에서 처음 사용되었습니다. 아직 얼마 되지 않은 사이에 이렇게 많은 사람들이 관심을 가지게 된 것이 참 신기합니다.

하지만 우리나라에서는 그림의 구글 검색어 트렌드에서 보듯이 2016년 인공지능 알파고와 이세돌의 바둑 대국 이후 인공지능에 대한 관심이 급격히 높아지면서 이와 더불어 4차 산업혁명에 대한 관심이 높아지기 시작했고, 본격적으로 모든 사람들의 입에 오르내리기 시작한 시기는 2017년 5월의 19대 대선을 통해서 입니다. 아마도 다음 정권에서의 경제 공약을 찾는 과정에서 4차 산업혁명이 모든 대선그룹에 공통적인 화두가 된 것으로 생각됩니다.

**구글 검색어 트렌드**

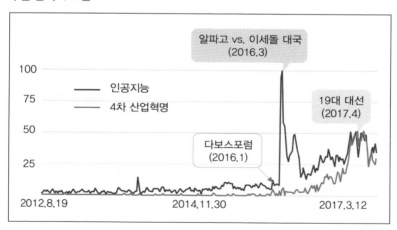

출처: Google Trends - 대한민국 과거 5년간 웹 검색량

그러면 4차 산업혁명이라는 화두가 단지 정치적인 동기에 의해 띄워진 것일까요? 저는 그것은 아니고 전세계적인 4차 산업혁명에 대한 관심이 높아지는 시점이 우리나라 정치 일정과 우연히 맞아 떨어지면서 더 상승 작용을 일으킨 것으로 봅니다.

그럼 과연 4차 산업혁명의 실체가 뭐길래 4차 산업혁명이라는 용어가 발표된지 얼마 되지 않아 전세계적인 관심사가 되었을까요? 이 4차 산업혁명이라는 새로운 화두에 모든 사람들이 공감을 하고 있을까요? 우리나라와 일본 중국을 비롯한 동아시아 국가와 유럽 쪽에서는 4차 산업혁명이라는 용어를 많이 사용하고 있습니다만 미국을 비롯한 한편에서는 4차 산업혁명이라는 용어를 별로 사용하지 않고 정보화 혁명 또는 디지털 혁신의 연장으로 이해하기도 하고 또한 독일 같은 경우는 4차 산업혁명보다는 Industry 4.0이라는 용어를 더 많이 사용하기도 합니다.

이러한 궁금증을 풀기 위해서는 과연 산업혁명의 정의가 무엇인지, 4차 이전에는 어떤 산업혁명이 있었는지, 그리고 왜 지금을 4차 산업혁명의 시대라고 부르는지 등 4차 산업혁명의 실체에 대해 좀 더 알아 볼 필요가 있겠습니다.

산업혁명이라는 용어는 누가 가장 먼저 사용하기 시작했을까요?

경제사를 보면 영국의 경제학자 아놀드 토인비가 1884년에 사후 출판된 『18세기 영국 산업혁명 강의』에서 처음으로 사용하기 시작했다고 합니다. 그러나 많은 분들이 잘못 알고 인용을 하시는 분이 역사학자 아놀드 J 토인비입니다. 이 분이 산업혁명이라는 용어를 가장 처음 사용한 것으로 설명하는 자료와 아놀드 J 토인비의 사진까지 첨부한 자료를 여럿 보았는데, 아마 아놀드 토인비라는 이름만 보고 당연히 저명한 역사학자가 그런 이야기를 했겠구나라고 착각을 하게 된 것으로 보입니다.

이 두 사람은 동일인이 아니고 삼촌과 조카 사이이고 한 사람은 경제학자이고 또 한 사람은 역사학자입니다. 경제학자 아놀드 토인비가 삼촌으로, 산업혁명이라는 용어를 제일 처음 사용한 사람이고 역사학자 아놀드 J 토인비가 우리가 잘 아는 "역사의 연구"라는 책을 쓴 사람입니다.

사진을 보더라도 아놀드 토인비는 젊었을 때 사망하여 젊을 때의 사진 밖에 없는데 아놀드 J 토인비는 노년의 사진이 남아 인용되고 있어 많은 사람들로 하여금 더 착각을 불러일으키게 하는

**아놀드 토인비와 아놀드 J 토인비의 사진**

▲ 경제학자 A. 토인비 (1852 ~ 1883)    ▲ 역사학자 Arnold. J. 토인비 (1889 ~ 1975)

것 같습니다.

　이야기가 잠시 옆으로 흘렀습니다만, 그러면 아놀드 토인비는 과연 산업혁명을 어떻게 정의하였을까요? 그는 산업혁명에 대해 "인류 역사에서 기술혁신과 그에 수반해 일어난 사회 경제 구조의 변혁, 어떤 기술이 나타났다가 반짝하고 사라지는 것이 아니라 관련 기술들이 연쇄적으로 발전해 경제 및 사회구조를 바꾸는 변혁이 일어나야 산업혁명이라는 용어를 쓸 수 있다"고 하였습니다.

　키워드를 다시 정리해보면 기술혁신이 전제로 나오고, 기술혁신과 수반된 사회 경제 구조의 변혁, 그리고 중심이 되는 기술과 관련되는 기술이 연쇄적으로 발전해 나가야 하고, 연쇄적으로 새롭게 발전된 기술이 사회 경제 구조를 계속해서 바꾸어 가는 변혁이 일어나야 산업혁명이라는 용어를 쓸 수 있다고 한 것이지요.


## 1, 2차 산업혁명

　그러면 아놀드 토인비가 정의하고자 했던 산업혁명은 무엇일까요? 당연히 여러분들이 잘 알고 있는 증기기관의 발명으로 촉발된 18세기의 산업혁명이지요. 이때 영국이 먼저 시작하여 독일을 비롯한 유럽 그리고 미국과 아시아의 일본까지 산업혁명을 빠르게 주도해 나가면서 세계의 열강으로 발전해 갔고, 이때 산업화를 이루어낸 나라와 산업화에 뒤쳐진 나라 사이에 큰 격차가 벌어져 아직까지도 그 격차가 유지되고 있다고 봐야지요.

그만큼 산업혁명이라는 큰 조류에 어떻게 대처하느냐가 나라의 운명과 후손들에게까지 오랫동안 영향을 미친다는 역사적 사실을 다시 한 번 크게 되새겨 봐야 할 점으로 보여집니다.

18세기의 산업혁명은, 그 이전 시대와 크게 구분 짓는 것이, 사람, 동물, 수력 풍력 등의 자연력이 아닌 증기기관이라는 기계의 동력에 의해 수공업에 머물던 공장을 근대적 기계화된 공장으로 만들어 간 기계화 혁명이라고 할 수 있겠지요. 이를 통해 생산성이 비약적으로 향상되고 풍부해진 공업 생산품으로 인해 시장이 확대되고, 이어 새로운 직업과 일자리가 증가되었으며, 수공업자들의 조합인 길드와 이를 뒷받침하던 도제제도가 기계화된 공장과 저숙련 노동자로 대체되는 사회 경제적인 구조에 큰 변혁이 있었지요.

또한 증기기관의 활용은 단지 공장의 기계화뿐만이 아니라 증기기관이 기차, 선박 등의 교통수단의 에너지원으로도 활용되어 교통과 물류에 있어 커다란 혁신을 일으키게 되었습니다. 말 같은 동물의 힘이나 바람과 같은 자연의 에너지에 의존해서 사람과 물건을 실어 나르던 시대를 벗어나 기계의 힘으로 육상과 바다에서 대량운송이 가능해 짐으로써 기계화된 공장에서 대량생산된 재화들이 멀리 떨어진 시장까지 유통이 가능해졌습니다. 이 과정에서 산업혁명을 다른 나라보다 먼저 진행시킨 열강들이 새로운 시장 개척을 위해 제국주의화 되며 식민지 쟁탈을 위한 치열한

다툼이 있었고 우리나라도 이러한 변혁의 시기에 나라를 잃는 아픔이 있었지요.

또한 이렇게 갑자기 밀어닥친 사회 경제적인 변혁의 한 현상으로 기계에게 일자리를 빼앗긴 노동자들이 기계를 때려 부수는 러다이트운동이 일어났던 것은 잘 알고 계시지요. 요즘 4차 산업혁명의 진전에 따라 일자리의 변화와 감소에 대한 우려가 크게 일고 있는 것도 역사를 되돌아보게 하는 점인 것 같습니다.

18세기의 산업혁명은 아놀드 토인비가 정의한 산업혁명의 정의에 잘 들어맞는다는 것은 더 반복해 설명하지 않아도 될 것으로 보입니다. 그러면 18세기의 산업혁명 이후에 언제 또 다른 산업혁명이 있었을까요? 지금까지 발표된 자료들을 보면 대체로 1870년부터 1914년 제1차 세계대전이 일어나기 전까지 발생한 새로운 기술들의 출현과 이로 인한 사회 경제적인 대변혁을 2차 산업혁명으로 보는 견해가 지배적이나 3차 산업혁명의 저자 제레미 리프킨 같은 경우는 19세기 말부터 최근까지를 화석연료에 기반한 2차 산업혁명의 시기로 보기도 합니다. 제레미 리프킨의 견해는 다음의 3차 산업혁명에 대한 설명에서 다시 다루기로 하고 여기서는 일반적으로 통용되고 있는 2차 산업혁명에 대해 알아보기로 하겠습니다.

위에서 2차 산업혁명이 19세기 말에서 20세기 초에 걸쳐 일어났다고 보는 견해가 많다고 하였습니다. 증기가 아닌 전기라는 새롭고 깨끗하며, 동력 발생 장소와 사용 장소가 붙어 있어야 하는 제약이 있는 증기기관과는 달리 발전 장소와 전기 사용 장소가 멀리 떨어질 수 있음으로 해서 생기는 여러 가지 장점들 덕분에 단순한 기계화로 인한 생산성의 혁신을 뛰어넘는 대량생산이 가능한 혁신이 일어난 시기를 2차 산업혁명의 출발로 보는 것이지요.

전기의 사용으로 컨베이어 벨트의 도입이 이루어져 대량생산이 가능해 짐으로써 생산성이 비약적으로 향상되었고, 이 영향으로 농업에서 제조업으로 서서히 이동해 가고 있던 산업구조의 변화가 제조업 중심의 산업구조로 급격히 바뀌는 변화가 이 시기에 일어났습니다. 또한 대량생산을 위한 대규모 투자를 할 수 있는 자본가들이 등장하였고, 이와 더불어 기술자, 연구자, 관리자 등 고등교육을 받은 새로운 전문직업 일자리들이 탄생하였으며, 이들이 단순 저숙련 노동자와는 다르게 높은 소득 계층으로 성장해 감으로써 사회 계층이 분화되고, 일반 대중이 노동의 주체에서 소비의 주체로 바뀌는 사회 경제적인 구조 변화가 일어났습니다.

그리고 이 시기는 단지 전기라는 기술만이 아니라 석유를 활용해 다양한 새로운 물질들을 만들어 낸 화학산업과 내연기관에 석유에서 만들어 낸 연료를 사용하며 이동수단의 혁신을 이루어낸 자동차산업을 비롯한 기계산업, 의학의 발전과 더불어 발전해 간 제약산업 등 다양한 새로운 산업의 발전과 함께 새로운 직업군, 사회계층의 변화가 일어나 우리가 당연하다고 생각하고 있는 산업과 직업들과 사회 경제구조가 다 이 시기에 만들어졌던 것이지요.

지금까지 간략히 살펴본 2차 산업혁명도 아놀드 토인비의 산업혁명 정의에 잘 들어맞는 것 같습니다. 전기라는 혁신 기술과 이어 동반된 화학, 기계, 자동차, 제약 기술 등의 새로운 기술에 의해 일어난 산업 구조의 변혁과, 연쇄적으로 일어난 사회 경제적인 구조의 변혁까지 이어지며 20세기 인류의 삶을 크게 바꾸어 나갔던 것이지요.

1차와 2차 산업혁명까지를 묶어서 전세계 국가들의 산업화가 일어난 시기로 보는 것이 일반적인 견해이지요. 이때 산업화를 이룩해 간 국가들이 지금 세계의 질서를 지배하고 있는 선진국이 되었고, 이때 산업화를 진행시키지 못한 국가들은 20세기 이후 후진국으로 분류되며 대부분 선진국들의 식민지배를 받는 처지가 되었지요. 우리나라도 그중의 하나이구요. 그리고 우리나라가 얼마 전까지도 개발도상국이라는 이름으로 불렸던 것도 산업화에 뒤늦게 뛰어들어 산업화를 추진해 가고 있는 나라라는 의미입니다. 우리 이웃인 일본만 해도 명치유신 이후 빠르게 2차 산업혁명 시기에 서구의 신기술을 받아들여 산업화를 추진한 덕에 선진국 대열에 들어가, 2차 세계대전의 패전으로 인해 어려운 시기가 있었음에도 불구하고 아직까지 세계적인 경제 대국으로 큰소리를 치고 있지요. 중국도 청나라 경제가 19세기 말까지 세계에서 가장 큰 규모였음에도 불구하고 1, 2차 산업혁명에 의한 산업화에 뒤쳐진 결과 나라가 망하고 세계사의 뒤안길로 들어갔다가 최근에야 다시 G2로 복귀한 역사를 가지고 있습니다.

이러한 역사를 보면 산업혁명이 단지 경제적으로 생산성을 올리는 차원만의 문제가 아닌, 국가와 국민들의 운명을 결정짓는 커다란 영향력을 가지고 있음을 보면 지금 많은 사람들이 고민하고 있는 4차 산업혁명이라는 화두도 결코 가볍게 넘어갈 사안이 아니라는 생각이 다시 한 번 듭니다.

## 3차 산업혁명

지금까지 설명 드린 1차와 2차 산업혁명에 대한 이해는 대부분 큰 이견 없이 일치하고 있습니다만 3차 산업혁명에 대한 이해와 주장은 이견들이 많고 그동안 우리가 일반적으로 알고 있었던 내용과 많은 차이가 있습니다. 이번에 이 글을 준비하면서 4차 산업을 설명하기 위해서는 당연히 1, 2, 3차 산업혁명에 대한 이해가 앞서야 할 것이라는 생각으로 1, 2차 산업혁명은 앞서 설명 드린 내용으로 정리하였고, 3차 산업혁명은 그동안 상식으로 알고 있었던 컴퓨터의 발달과 더불어 시작된 정보화 혁명을 3차 산업혁명이라고 부르는 것으로 생각하고 정리를 해 나갔습니다만, 1, 2차 산업혁명은 별 차이 없이 정리가 되었는데 3차 산업혁명을 정리하면서부터 큰 혼란에 빠졌습니다.

## 제레미 리프킨의 3차 산업혁명

3차 산업혁명이라는 용어를 위키피디아에서 검색해보면 제레미 리프킨이라는 사람이 2011년 출간한 3차 산업혁명이라는 책이 가장 많이 인용됩니다. 하지만 제레미 리프킨의 저서 "3차 산업혁명"을 읽어보면, 3차 산업혁명이 우리가 상식으로 알고 있던 정보화 혁명을 설명하는 것이 아니라 석유, 석탄 등의 화석 연료에 기반한 산업혁명을 2차 산업혁명으로 보고, 3차 산업혁명은 신재생 에너지를 기반으로 하는 포스트 화석 연료에 의한 전기 생산과 인터넷을 활용한 전기 공급망의 효율화를 만들어 가는 에너지 혁명으로 정의하고 있습니다.

제레미 리프킨은 중앙 통제형 전력과 석유시대, 자동차, 교외 지역 건설 등이 특징인 2차 산업혁명은 두 단계를 거치며 발전했다고 보는데, 2차 산업혁명의 초기 인프라는 1900년에서 대공황이 시작된 1929년 사이에 형성된 것으로 보았습니다. 그리고 이 유아적 수준의 인프라는 2차 세계대전이 끝날 때까지 불확실한 상태로 방치되었다가, 1956년 미국이 인터스테이트 고속도로 법을 도입하면서 자동차 시대를 위한 성숙한 인프라를 마련하는 두 번째 단계에 들어섰다고 보았습니다. 1980년대에 인터스테이트 고속도로 건설을 완료하자 상업용 부동산과 주거용 부동산은 최고조로 급등했으며 더불어 2차 산업혁명도 정점에 도달했다고 보았습니다. 이후 1990년대의 IT와 인터넷에 의한 커뮤니케이션 혁명이 새로운 일자리를 만들고 경제 및 사회 환경을 바꾸는데 일조한 것은 맞지만, IT와 인터넷 자체만으로는 새로운 산업혁명이 될 수 없다고 보았고, 새로운 커뮤니케이션 기술이 새로운 에너지체계를 만나야만 새로운 산업혁명이 이루어질 수 있다고 보았습니다. 즉, 1990년대와 21세기의 첫 10년에는 ICT 혁명이 구시대의 중앙 주도형 2차 산업혁명에 접목되어 노화된 산업 모델의 생명을 연장하는데 일조하며 생산성을 증가시키고 새로운 사업기회와 일자리를 창출하는데 기여하였으나 새로운 산업혁명에까지는 이르지 못하였다고 보았던 것이지요(제레미 리프킨, 3차 산업혁명, P. 33-36).

여기까지만 보더라도 제레미 리프킨의 3차 산업혁명에 대한 생각은 다분히 미국 중심적인 것으로 보이고 그동안 우리가 알고 있었던 상식적인 의미의 산업혁명에 대한 생각과 차이가 있어 보입니다. 다분히 산업혁명의 주 동인을 에너지원에 국한해서 보고 있는 것이지요.

제레미 리프킨은 화석연료 중심의 산업화 사회에서 탈피하여, 신재생 에너지가 주 에너지원이 되고 이를 인터넷을 비롯한 네트워크로 관리한다는 3차 산업혁명의 아이디어를, 별로 호응이 없었던 미국보다는 유럽으로 옮겨 지지 세력을 만들어 갔습니다. 2006년부터 EU 의회와 공동연구를 수행하며 3차 산업혁명 경제개발 계획의 초안을 그리기 시작했고, 2007년 5월 EU 의회는 공식 선언문을 작성해 3차 산업혁명을 EU의 장기적인 경제 비전이자 로드맵으로 공인했습니다. 이때부터 비로소 3차 산업혁명이라는 용어가 유럽에서 공식적으로 사용되기 시작한 것이지요. 이후 EU 회원국은 물론이고 EU 집행위원회 내의 다양한 기관에서 3차 산업혁명의 비전을 구현해 가고 있습니다. EU 의회의 선언문이 나온 지 1년 후, 글로벌 금융위기가 닥치고 몇 주 후인 2008년 10월 워싱턴 D.C.에서 재생 에너지, 건설, 건축, 부동산, IT, 전력 설비, 운송 및 물류에 종사하는 세계 각국의 80개 기업 경영진들이 모여 3차 산업혁명 네트워크를 결성하기로 하였습니다(제레미 리프킨, 3차 산업혁명, pp. 12-13).

2011년 5월 파리에서 열린 OECD 50주년 기념 컨퍼런스에서 제레미 리프킨은 기조연설을 하며 3차 산업혁명의 다섯 가지 핵심 경제 계획을 발표하였는데 그 내용은 "① 재생 가능 에너지로 전환한다. ② 모든 대륙의 건물을 현장에서 재생 가능 에너지를 생산할 수 있는 미니 발전소로 변형한다. ③ 모든 건물과 인프라 전체에 수소 저장 기술 및 여타의 저장 기술을 보급하여 불규칙적으로 생성되는 에너지를 보존한다. ④ 인터넷 기술을 활용하여 모든 대륙의 동력 그리드를 인터넷과 동일한 원리로 작동하는 에너지 공유 인터그리드로 전환한다(수백만 개의 빌딩이 소량의 에너지를 생성하면 잉여에너지는 그리드로 되팔아 대륙 내 이웃들이 사용할 수도 있다.). ⑤ 교통수단을 전원 연결 및 연료전지 차량으로 교체하고 대륙별 양방향

스마트 동력 그리드 상에서 전기를 사고 팔 수 있게 한다."입니다. 이 내용을 보면 리프킨이 생각하고 있는 3차 산업혁명의 실체를 짐작할 수 있겠지요.

그리고 제레미 리프킨은 3차 산업혁명은 이미 발생한 것이 아니라 이제 막 시작되어 앞으로 상당 기간 지속될 것으로 보고 있어, 이미 역사 속의 1, 2차 산업혁명과는 다른 앞으로의 인류 과제로 생각하고 있습니다. 그래서 우리가 생각하는 4차 산업혁명의 전 단계로 3차 산업혁명이 있었던 것이 아니라 우리가 알고 있는 것과는 완전히 다른 아젠다의 산업혁명이 현재 진행형으로 발생되고 있다고 본 것이지요.

지금까지 설명 드린 내용이 제레미 리프킨이 주장하는 2차와 3차 산업혁명의 주 내용입니다. 일부러 자세히 설명 드린 이유는 제레미 리프킨은 정보화에 따른 디지털 혁명을 3차 산업혁명의 주 동인으로 본 것이 아니라 포스트 화석연료인 재생 에너지를 3차 산업혁명의 주 동인으로 본 것입니다. 우리가 알고 있던, 3차 산업혁명은 컴퓨터에서 비롯된 디지털 기술이 만들어 낸 것이라는 생각과 많이 다르지요.

## 크리스 앤더슨의 3차 산업혁명

이외에도 3차 산업혁명이라는 용어를 사용한 사례는 경제지 이코노미스트의 2012년 기사와 Wired의 전 편집장이며 "롱테일의 경제학"이라는 책으로 우리에게 잘 알려진 크리스 앤더슨이 2013년에 주장한 내용이 있습니다. 두 사례는 거의 같은 내용으로써, 제조업의 디지털화와 3D 프린팅 기술의 발전으로 만들어지는 새로운 제조업의 혁명을 3차 산업혁명이라고 부르고 있습니다.

그리고 더 나아가 크리스 앤더슨은 새로운 제조업의 모습을 "Maker Space"라고 표현하고 있는데 이를 좀 더 설명해 보면, 어디서나 연결 가능한 컴퓨팅 파워가 3D 프린터를 활용하는 세계 각지의 공장과 네트워크로 연결되어 Mass Customization이 가능한 생산체계를 만들어 가는 것을 거대한 Maker Space라고 정의하였고 이러한 새로운 제조 방식의 혁신을 제3차 산업혁명이라고 불렀습니다. 설계는 PC를 비롯한 스마트 단말에서 3D CAD를 이용해 설계하고, 이렇게 만들어진 설계도를 인터넷에서 다운로드 받아 원하는 곳에서 3D프린터로 생산하고 유통함으로써, 설계, 제조, 유통, 판매 등의 모든 사업활동을 네트워크를 통해서 해결 가능한 사회, 즉 "Makers Space" 시대가 온다고 주장하였습니다.

## 3차 산업혁명: 정보화/디지털혁명

위에 설명된 제레미 리프킨과 크리스 앤더슨의 3차 산업혁명에 대한 생각은 그동안 우리가 3차 산업혁명에 대해서 알고 있었던 생각과 거리가 있다고 느껴지지 않나요? 그러면 두 사람 외에 3차 산업혁명에 대해 명시적으로 주장한 사람이나 자료가 또 있을까요? 이 궁금증을 풀기 위해 위키피디아 한글판과 영문판을 아무리 검색해 보아도 위 두 주장이 그나마 한글판에 나올 뿐 영문판에는 3rd Industrial Revolution에 대해 검색되는 내용이 없습니다. 단지 영문판에 정보화 혁명Information Revolution이 관련 용어로 나올 뿐입니다. 여기에서 그동안 우리가 3차 산업혁명에 대해 가지고 있었던 선입견을 다시 생각해 보아야 하지 않나 하는 생각이 듭니다. 3차 산업혁명이라는 용어는 4차 산업혁명이 최근 갑자기 부각되면서 이미 알고 있었던 1차와 2차 산업혁명 이후 정보화 혁명 또는 디지털 혁명이라고 불리는 사회 경제적인 큰 변혁과 오버랩 되면서 착각을 일으킨 것이 아닌가 하는 생각이 듭니다. 거기에 뒤에 설명드릴 Industry 4.0의 설명에 나오는 컴퓨터 기술에 의한 제조업의 혁신을 Industry 3.0이라고 부르는 것과 겹쳐지면서 더 그 혼동이 커진 것으로 보입니다.

그러면 우리가 알고 있는 정보화 혁명 또는 디지털 혁명은 언제 어떻게 일어났고 어떤 변화를 일으켰을까요? 정보화 혁명은 20세기 후반인 1960년대 이후 컴퓨터가 본격적으로 사용되기 시작한 때부터 시작된 것으로 봅니다. 이전의 2차 산업혁명을 통해 성장한 다양한 산업에 컴퓨터를 활용하여 정보처리를 자동화함으로써 정보흐름의 혁신을 통한 비약적인 생산성 향상을 이루어 낸 것이지요.

기계식 컴퓨터 기술은 이미 2차 산업혁명기인 19세기 말부터 개발이 시작되었고 다양한 제품들이 출시되어 사용되었지요. 이때는 사람들이 하는 계산을 어떻게 기계를 시켜 빠르게 할 것인가에 초점이 맞추어져 있었고 여러분들이 잘 아시는 IBM International Business Machine은 이 시기에 계산기를 만들던 회사이지요. 이후 단순히 계산을 편하게 하는 기계에서 2차 대전을 거치면서 암호 해독, 우주 개척을 위한 로켓과 핵을 비롯한 새로운 무기의 개발에 있어 결정적인 역할을 하며 컴퓨터 기술이 국력을 대표하는 기술로 발전해 나갔습니다.

하지만 컴퓨터가 일반 비즈니스와 연계되어 정보화 혁명을 촉발한 시점은 1964년 메인프레임 컴퓨터가 상용화 되어 쓰이기 시작한 시점으로 봅니다. 이때부터 본격적으로 기업들이 컴퓨터를 도입하여 기업 업무를 효율화하고 생산성을 비약적으로 향상시켜 나가기 시작했던 것이지요. 하지만 이때 컴퓨터 기술의 응용은 기업 업무에서 생성되는 대규모 데이터의 수집과 저장 그리고 계산과 검색, 출력 등 지금 보면 아주 단순한 업무처리의 자동화 수준이었고 컴퓨터 처리 기술도 일부 전문가 집단과 컴퓨터실 내부에 국한되어 일반인들은 컴퓨터에 대해 거리를 느낄 수밖에 없어 파급 속도가 제한적이었습니다. 하지만 이 시기에도 생산성의 향상으로 이미 공장의 노동자들이 감소하기 시작했고 제조업에서 서비스업으로 일자리의 이동이 큰 폭으로 이루어지는 변화들이 나타나게 되었습니다.

1960년대 70년대에 걸쳐 메인프레임 컴퓨터의 활용을 통한 정보화 혁명이 시작되었습니다만 이 변화를 더 빠르게 만들어 간 변화는 1980년대 PC의 등장에 의한 컴퓨터의 대중화가 끌고 나 갔습니다. PC의 출현 이전에는 컴퓨터는 전산실 안에 있는 사람 들만 쓸 수 있는 것이고 비용도 많이 들어 개인적인 업무의 자동 화에는 쓸 수 없는 것으로 알았습니다만, PC의 출현에 의해 모든 사람들이 값싸게 컴퓨터를 이용할 수 있는 시대가 열리면서 기업 의 모든 업무가 컴퓨터에 의한 자동화가 가능해졌습니다. 또한 초기 PC의 성능을 뛰어넘는, 고도화된 성능과 기능에 대한 욕구 가 자연스럽게 메인프레임만이 아닌 클라이언트 서버 환경이라 는 분산 환경 컴퓨터로 발전하며 전산실 밖에서도 전산실 안의 대용량 컴퓨터 기능을 사용할 수 있는 시대로 빠르게 발전해 가 며 컴퓨터의 대중화 시대가 진전되었습니다.

이어 자연스럽게 발전된 기술이 컴퓨터 간의 통신 기술입니 다. 분산 환경 컴퓨터의 초기 통신 기술은 전산실과 가까운 위치 에서 전용선 위주로 메인 서버와 PC 단말간의 통신에 한정되었 습니다만 점점 먼 거리에서도 컴퓨터 사이에 통신을 해야 하는 수요가 늘어났고, 이것도 제한적으로 값비싼 전용선을 이용하거 나 전송속도가 느린 전화선을 이용해야 하는 불편한 통신 환경 때문에 원거리에서의 컴퓨터 통신은 제한적으로 사용될 수밖에 없었습니다. 하지만 1990년대 초에 등장하여 빠르게 확산된 인터넷 기술이 컴퓨터 간의 통신에 획기적인 변화를 가져오며 정보화 혁명에 꽃을 피우기 시작했습니다. 인터넷이 우리 생활에 어떤 변화를 가져왔는지는 여러분들도 직접 체험해본 분들이 많기 때문에 긴 설명이 필요 없을 것 같습니다.

초기에 미국의 일부 연구소 연구원들끼리 공중 통신망을 활용하여 메일을 주고받기 위해 만들어진 알파넷에서 출발한 인터넷 기술은 그 편리성 때문에 급속히 확산되었고, 이를 뒷받침하는 라우터 등의 통신기기와 통신회사들의 통신회선에 대한 대규모 투자가 병행되며 전세계적으로 급속히 확산되어 이제는 인터넷 없는 세상은 상상하기 어려울 정도가 되었습니다. 몇 년 전에 엔트루월드에 와서 강연을 한 MIT 미디어 랩의 조이 이토 소장은 인터넷이 인류에 끼친 영향이 워낙 커서 인류의 역사를 인터넷 출현 이전BI, Before Internet과 이후AI, After Internet로 나누어 보아야 한다는 의견을 제시할 정도로, 인터넷의 출현과 발전으로 명실상부한 컴퓨터의 대중화가 이루어지게 되었고 개인의 컴퓨터 사용만이 아니라 모든 기업 업무 현장에서 컴퓨터 없이는 일이 이루어질 수 없는 세상이 되었습니다.

그런데 변화와 발전이 너무 급하게 이루어지다 보면 나타날 수 있는 부작용, 거품이 20세기 말~21세기 초에 발생했고 이를 인터넷 버블이라고 부릅니다. 모든 업무를 인터넷으로 연결해야만 새로운 산업의 추세를 쫓아갈 수 있다는 강박감에 나타난 것이 모든 산업의 "e-business"화였습니다. 그래서 모든 업무와 산업에 "e"라는 문자를 붙여 나갔고 "e"라는 문자만 앞에 붙이면 혁신이 완성될 것 같은 착각에 빠져들어 "e-business"에 대한 묻지마 투자가 거품을 일으켜, 20세기에서 21세기로 넘어가는 짧은 시기에 거품이 만들어졌다가 급격히 터졌던 현상은 여러분들의 기억 속에도 있을 겁니다.

하지만 이러한 거품이라는 부작용에도 불구하고 인터넷 기술은 꾸준히 발전하고 산업에 커다란 혁신을 이루어 내는 동인으로 작용했고 지금 주가 총액 상위를 점령하고 있는 구글, 아마존, 알리바바 등의 초대형 ICT 기업들이 이 시기에 출현했습니다.

인터넷 기술이 정보화 혁명을 이끌어간 기술 혁신의 끝일까요?

인터넷이 컴퓨터 간의 통신을 획기적으로 쉽게 만들어 전세계를 하나의 작은 커뮤니티로 만드는 변화를 일으켰지만 한 가지 아쉬웠던 점은 무선 통신 기술의 한계로 유선으로 연결된 장소에서만이 원활한 데이터 통신이 가능했던 거지요. 물론 이동통신기술의 발전으로 많은 사람들이 이동 전화기를 사용하고 일부 이동 전화기를 활용한 데이터 통신이 이루어지기는 했지만 이 또한 통신회사들의 사업 모델에 의해 비용이 많이 들거나 데이터 통신을 할 수 있는 서비스가 제한적이었습니다. 이러한 이동 통신에 의한 데이터 통신의 한계를 풀어낸 것이 바로 여러분들이 잠시라도 옆에 없으면 불안해하는 스마트폰의 등장입니다.

2007년에 애플이 발표한 아이폰이라는 스마트폰의 등장으로, 다양한 모바일 앱이 폭발적으로 늘어나 모바일로 데이터를 주고받는 서비스가 다양해짐에 따라 SNS와 동영상을 비롯한 데이터 양이 폭발적으로 늘어나게 되었습니다. 이러한 손 안의 컴퓨터인 스마트폰의 발전으로 컴퓨터통신의 장소가 자유로워진 변화가 일어나게 된 것을 "모바일 빅뱅"이라고 부르기도 합니다.

사실 모바일 앱의 출현은 아이폰 이전에도 있었습니다만 아이폰 이전에는 통신회사들이 통신 단말기를 공급하며 자신들의 수익성에 도움이 되는 서비스들만을 제한적으로 허용하다가, 애플이 소비자들의 선호도가 높은 아이폰을 출시하며 통신회사와의 주도권 싸움에서 이겨 소비자들이 원하는 앱을 자유롭게 스마트폰에 올려 사용할 수 있도록 비즈니스 모델을 바꾸면서 본격적으로 스마트폰 시대가 열렸고, 드디어 컴퓨터들이 위치에 상관없이 통신을 할 수 있는 시대가 된 것이지요. 모바일 빅뱅에 의한 모바일 통신 기술 발전은 다음에 설명할 4차 산업혁명에서도 주요하게 다루어지기 때문에 여기서는 이 정도로 설명을 생략하겠습니다.

지금까지 설명 드린 메인 컴퓨터의 출현으로 정보화 혁명이 시작했고, 이어진 PC의 등장으로 컴퓨터의 대중화가 이루어졌으며, 인터넷의 출현으로 컴퓨터 간의 통신이 자유로워져 전세계가 하나로 연결되는 시대가 만들어졌고, 스마트폰의 보급으로 인해 장소에 구애받지 않고 컴퓨터를 쓸 수 있는 환경이 만들어지는

**3차 산업혁명 시대의 세 번의 변곡점**

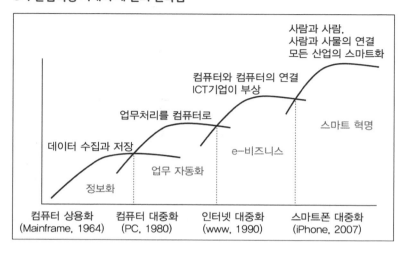

시기를 정보화 혁명 또는 디지털 혁명의 시기로 보고 있으며, 이러한 변화가 끝난 것이 아니라 아직도 진행형으로 보고 있기도 합니다. 그래서 미국에서는 최근 인공지능을 비롯한 새로운 디지털 기술들이 만들어 가고 있는 새로운 산업 변화를 2016년부터 유럽에서 사용하기 시작한 4차 산업혁명이라는 용어를 써서 설명하기보다는, 디지털 혁명 또는 디지털 트랜스포메이션이라는 용어로 더 많이 사용하고 있으며, 현재 일어나고 있는 기술과 산업의 변화도 이미 진행 중인 디지털 혁명이 고도화 되는 과정이나 디지털 혁명의 연장선으로 보고 있습니다. 이와 같은 생각으로 우리나라에서도 4차 산업혁명이라는 용어에 대해 거부감을 가진 사람들이 있는 것으로 알고 있습니다.

## 3차 산업혁명

그러면 여기에서 지금까지 설명한 세 가지 관점을 바탕으로 3차 산업혁명에 대한 논의를 한번 정리해 보도록 하겠습니다. 3차 산업혁명에 대한 주장이나 생각들은 위에 설명 드린 바와 같이 우리가 가지고 있었던 이해와 차이가 있었던 것이 확인되었습니다. 명시적으로 3차 산업혁명이라는 용어를 사용했던 제레미 리프킨이나 마이클 앤더슨의 3차 산업혁명에 대한 생각은 지금 화두로 삼고 있는 4차 산업혁명의 전 단계로 설명하기에는 부자연스러운 면이 많습니다. 차라리 명시적으로 3차 산업혁명이라고 부른 사람은 없지만 4차 산업혁명의 전 단계인 3차 산업혁명으로 설명하기에는 정보화 혁명이나 디지털 혁명이 더 적절할 것으로 보입니다. 이 점에 있어서는 논란의 여지가 있으나 이 책에서는 1960년대 이후 컴퓨터의 상용화 이후 진행되고 있는 정보화 혁명, 디지털 혁명을 3차 산업혁명의 단계로 보기로 하겠습니다. 물론 디지털 혁명과 4차 산업혁명이 겹쳐지는 면이 없지는 않습니다만 이 점은 뒤에 Industry 4.0과 4차 산업혁명을 설명 드리면서 한 번 더 논의하기로 하겠습니다.

이 책을 보시는 분들의 대다수가 정보화 혁명 시대 이후에 사회활동을 하신 것으로 생각됩니다. 저도 마찬가지입니다. 우리나라는 1960년대 70년대 이후 본격적으로 산업화를 이루어 간 나라입니다. 하지만 2차 산업혁명에 의한 산업화를 장기간에 걸쳐 진행해간 후에 정보화 혁명 시대에 접어든 선진국들에 비해 우리나라는 압축적인 짧은 산업화 기간에 정보화 혁명도 같이 진행되어 간 독특한 특징을 가지고 있습니다. 선진국들은 기 투자된 통신 설비를 비롯한 사회 인프라가 많아 정보화 시대를 대응하는 속도를 빠르게 가져가기에는 제약 요인이 많았지만, 우리나라는 상대적으로 기 투자된 인프라가 적고 새로운 디지털 기술이 나오는 시점과 우리나라의 새로운 디지털 인프라 투자가 이루어지는 시점이 맞아 떨어져 오히려 선진국보다 정보화, 디지털 인프라 면에서 앞서 갈 수 있었던 환경 요인이 있었지요. 그리고 정부의 인터넷을 비롯한 디지털 인프라에 대한 적극적인 투자가 맞물려 우리나라가 한 때 디지털 인프라 면에서 세계에서 앞서가는 나라 중의 하나가 될 수 있었던 겁니다. 그리고 국가적으로도 우리나라가 산업화에서는 기존의 선진국에 비해 뒤쳐졌지만, 정보화에서는 기존 선진국을 앞서가자는 강력한 의지가 모아져서 1980년대 이후 우리나라가 디지털 기술을 앞세워 여러 산업들을 경쟁력 있도록 만들어 개발도상국 또는 중진국에서 선진국의 문턱으로 들어서는 위치까지 발전해 갈 수 있었습니다.

하지만 최근의 화두가 되고 있는 4차 산업혁명과 관련된 새로운 기술의 발전과 국가간의 경쟁을 보면 정보화 혁명 시대와는 달리 우리나라의 위치가 점점 뒤로 밀려져 가고 있다는 위기감이 듣니다. 앞서 살펴본 역사에서도 반복적으로 보이듯이 산업혁명이라는 전세계적인 변화에 빠르게 대응해 간 국가와 그렇지 못한 국가간에 국가경쟁력에 큰 차이가 벌어지고 그 결과가 고스란히 그 나라의 국민들의 삶에 영향을 미치게 됩니다. 지금 이 책에서 장황하게 산업혁명의 역사를 살펴보고 있는 이유도 과거의 역사에서 교훈을 얻어, 우리 그리고 우리 후손들로부터 원망 듣지 않고 그들에게 더 밝은 미래를 만들어주기 위해 지금 우리가 무엇을 해야 하는지를 고민해 보기 위한 것입니다. 그런 면에서 위에서 정리해본 3차 산업혁명, 정보화, 디지털 혁명 이후에 밀어닥치고 있는 새로운 변화인 4차 산업혁명을 제대로 이해하고 우리의 대응에 박차를 가해야 할 것으로 생각됩니다.

## 인더스트리 4.0

지금도 많은 사람들이 인더스트리 4.0과 4차 산업혁명을 같은 것으로 이해하고 있고, 설혹 다른 개념으로 설명을 하고 있더라도 설명 과정에서는 두 개념을 섞어서 설명하는 바람에 많은 혼동을 불러일으키고 있습니다. 그 대표적인 예가 4차 산업혁명 이전의 2, 3차 산업혁명을 설명하는 과정입니다. 그러면 먼저 인더스트리 4.0이라는 개념이 어떤 배경으로 어떻게 시작되어 발전해 가고 있는지부터 살펴보도록 하겠습니다.

## 인더스트리 4.0과 4차 산업혁명

인더스트리 4.0이라는 용어는 SAP의 전 CEO인 헤닝 카거만 Henning Kagermann이 이끄는 독일 인공지능 연구소에서 2012년 3월 제시한 개념으로, 21세기 들어 저하되고 있는 독일의 제조업 경쟁력을 향상시키기 위한 새로운 모델로 제시된 개념입니다.

인더스트리 4.0은 개발, 생산, 서비스 등 제품의 전 라이프 사이클을 디지털화 하는 자동 제어 시스템을 구축함으로써 고객들의 니즈에 적극적으로 대응하며 전 제조 사이클의 생산성을 비약적으로 향상시키는 혁신을 일컫는 개념이며, 좀 더 구체적으로는 제조 공정에 사물인터넷등 ICT 기술을 적용하여 설비가 스스로 최적의 생산 경로를 결정할 수 있는 지능형 생산 체제가 도입된 스마트 공장을 실현해야 한다는 것입니다. 인더스트리 4.0은 그 개념 정의에서 보듯이 제조업의 경쟁력을 어떻게 향상시킬 것인가에 초점이 맞추어 있지요. 우리가 기대하는 4차 산업혁명이 제조업뿐만이 아닌 전 산업에 걸쳐 혁신을 일으키고 있다는 개념과는 큰 차이가 있습니다. 그 이유는 독일이 21세기 들어 독일 경제를 이끌어 가고 있는 제조업의 경쟁력이 저하되고 있으며 이를 방치해서는 독일이라는 나라의 미래가 어두울 것이라는 전망에서 그 해법을 찾기 위해 만들어진 개념이 인더스트리 4.0이기 때문이지요.

그러면 왜 4.0이라는 숫자가 붙게 되었을까요? 그 배경은 카거만이 이끄는 독일 인공 지능연구소는 인더스트리 4.0이라는 새로운 제조업의 개념을 정리하며 이전에 제조업과 관련하여 어떤 혁신들이 있었는가를 살펴본 결과, 과거에 세 차례의 제조업 관련 혁신이 있었고 이를 인더스트리 1.0, 2.0, 3.0으로 정리하였고, 마지막에 새롭게 만들어 가야 할 모델로 인더스트리 4.0을 제시하게 된 것입니다.

**인더스트리 1.0 2.0 3.0 4.0**

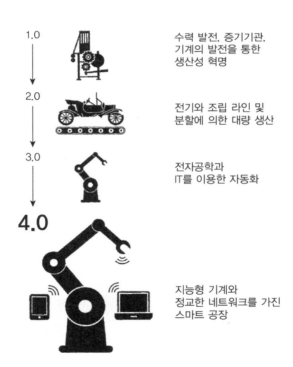

1.0 수력 발전, 증기기관, 기계의 발전을 통한 생산성 혁명

2.0 전기와 조립 라인 및 분할에 의한 대량 생산

3.0 전자공학과 IT를 이용한 자동화

4.0 지능형 기계와 정교한 네트워크를 가진 스마트 공장

인더스트리 1.0에서 4.0까지의 특징을 도식적으로 정리한 것이 바로 위 그림입니다. 한번 그 특징들을 살펴볼까요? 인더스트리 1.0은 수력발전, 증기기관, 기계의 발전을 통한 생산성 혁명을 이룩한 것으로 기술하고 있습니다. 어디선가 많이 들어 본 내용 아닌가요? 바로 1차 산업혁명의 특징을 설명한 것입니다. 그러면 인더스트리 2.0은 어떤가요? 인더스트리 2.0은 전기와 조립 라인 및 분업에 의한 대량생산에 의한 혁신으로 그 특징을 설명하고 있습니다. 우리가 앞에서 이해한 2차 산업혁명과 일부는 일치되지만 화학이나 의약, 통신 등 다른 분야에서의 혁신 기술은 빠져 있습니다. 그 이유는 인더스트리 2.0의 개념이 제조업 그것도 생산과정의 혁신에 초점이 맞추어져 있기 때문이지요.

　　여기에서 그동안 4차 산업혁명을 설명해온 많은 자료들에서 2차 산업혁명을 설명해 온 내용과 대응시켜 보면 뭔가 떠오르는 것이 없습니까? 저도 그동안 4차 산업혁명을 설명하는 자료를 보며, 그 이전의 산업혁명을 특징짓는 주 기술들을 1차는 증기기관, 2차는 전기, 3차는 컴퓨터라는 도식적인 설명에 무심코 지나쳤습니다. 하지만 자세히 들여다보면 그 안에는 인더스트리 4.0과 4차 산업혁명을 같은 개념으로 생각함으로써, 그 앞의 인더스트리 1.0, 2.0, 3.0에 대한 설명을 4차 산업혁명 이전의 1, 2, 3차 산업혁명에 대한 설명으로 대입하면서 이러한 혼란이 야기된 것으로 생각됩니다. 이 과정에서 3차 산업혁명에 대한 설명도 용어는 에너지 혁명을 기술한 제레미 리프킨의 3차 산업혁명에서 따오고, 동인이 된 주 기술은 인더스트리 3.0에서 설명하고 있는 IT기술로 설명하는 혼동이 일어났던 것 같습니다.

인더스트리 4.0과 4차 산업혁명이 같은 개념이라고 주장하는 사람과 자료들이 많습니다. 물론 인더스트리4.0과 4차 산업혁명에는 겹치는 부분들이 꽤 많습니다. 둘 다 독일을 중심으로 개념들이 전개되어 갔고 사실 다보스포럼에서 클라우스 슈밥이 발표한 4차 산업혁명은 그 아이디어가 상당부분 인더스트리 4.0에 바탕을 두고 만들어진 것으로 보이는 것도 사실입니다. 하지만 둘 사이에는 분명한 차이가 있다는 것을 알고 대응해가야만 향후 대응방안이나 추진전략에서 제대로 된 것을 수립할 수 있을 것입니다.

인더스트리 4.0의 개념이 철저히 제조에 집중된 것이라는 것은 독일 인공지능연구소가 2011년 발표한 자료에 나오는 Industry 1.0부터 4.0까지 설명하는 것을 보면 더욱 명확해 집니다.

이 자료에서 인더스트리 3.0을 특징짓는 기술은 전자공학과 IT를 이용한 자동화라고 기술하며 철저히 제조와 생산과정에서의 생산성 향상을 위한 혁신으로 규정하고 있으며, 인더스트리 4.0도 지능형 기계와 정교한 네트워크를 가진 스마트 공장으로 그 특징을 설명하고 있습니다. 역시 제조업에 국한된 생산성 혁신 기술이지요.

**인더스트리 4.0으로 시작된 새로운 산업혁명**

* Programmable Logic Controller
출처: DFKI (독일 인공지능 연구소), 2011

    이제 인더스트리 4.0과 4차 산업혁명을 어떻게 구분 지어야 하는지 명쾌해 지지 않습니까? 물론 혁신을 이끌어가는 핵심 기술에는 상당부분 겹치는 부분이 있다 하더라도 범위 면에서는 큰 차이가 있다고 보아야 하겠습니다. 우리가 새로운 산업혁명으로 기대하는 4차 산업혁명은 제조업의 제조과정만이 아닌 금융, 의료, 유통, 농업, 교통 등 모든 산업에 걸쳐 일어나고 있는 광범위한 혁신으로 보고 이에 어떻게 대처해 나갈 것인가를 고민하는 것을 과제로 생각하고 있는데, 제조업에 국한해서 설명하고 있는 인더스트리 4.0은 분명히 전 산업을 대상으로 하는 4차 산업혁명과는 큰 차이가 있다고 봐야 합니다.

## 인더스트리 4.0 상세 소개

이 정도로 인더스트리 4.0과 4차 산업혁명에 대한 비교를 마치고 지금부터는 인더스트리 4.0에 대해 좀 더 알아보도록 하겠습니다.

위에서 인더스트리 4.0이라는 용어를 독일의 인공지능연구소가 2012년 3월 처음으로 제시하였다고 말씀드렸습니다. 이때 인공지능 연구소가 인더스트리 4.0이라는 용어와 더불어 발표한 새로운 개념이 CPS$^{Cyber\ Physical\ System}$입니다. 인더스트리 4.0에서 CPS는 눈에 보이는 기계들로 만들어진 공장을 Physical System으로 보았고 이에 대응되는 디지털 기술로 만들어진 가상의 시스템을 Cyber System으로 보았으며, 이 둘 사이에는 네트워크를 통해 밀접하게 연결되어 있다고 보았습니다. 이를 좀 더 쉽게 이해하려면 몇 년 전에 큰 인기가 있었던 아바타라는 영화를 유추해 보아도 좋을 것 같습니다. 그 영화를 떠올려 보면 주인공이 원래 살던 세상이 있고, 주인공이 가상의 세상에 들어가 모험을 겪는 세상이 나오며, 이 두 세상은 또 서로 연결되어 있습니다.

이 유추가 스마트 공장에서의 CPS와 그대로 일치하는 것은 아닙니다만, 둘 사이의 이미지와 관계를 떠올려 보는 데에 조금이나마 도움이 될 것으로 봅니다.

## 독일의 인더스트리 4.0

인더스트리 3.0에서도 눈에 보이는 Physical한 공장이 이미 많은 디지털 기술이 적용되어 자동화되고 생산성을 올리는 효과를 만들어 왔습니다만, 인더스트리 4.0에서는 이에 더해 디지털 기술로 만들어진 Cyber, 즉 가상의 공장을 만들어서 이 가상의 공장에서 여러 가지 시뮬레이션을 통한 최적화 방안을 찾아보기도 하고, 그동안 사람들이 해왔던 생산과 관련된 의사결정들을 이 가상의 공장을 통해 적시에 가장 좋은 방법을 찾아내어 리얼타임으로 Physical 공장의 기계에 명령을 전달하여 생산을 하는 모델을 CPS라고 정의하였고, 이러한 CPS 개념이 적용된 공장을 스마트 공장으로 보았습니다.

2012년 3월 독일의 인공지능 연구소에서 발표된 인더스트리 4.0은 그 후 2013년 4월의 하노버 산업 박람회에서 추진 전략이 공유되어 확산되기 시작하였고, 2014년 10월 독일의 지멘스가 인더스트리 4.0을 적용한 사례를 발표하며 더욱 구체화 되고 확산되어 나갔습니다. 지멘스는 스마트 공장 기술 확보에 40억 달러의 투자를 하고 있다고 발표하였으며 이를 통해 독일 내 최고의 혁신 자동화 설비로 구축된 스마트 공장을 만들었고, 여기에는 이미 1,000개 이상의 산업 자동화 소프트웨어를 적용하였으며, 기계와 컴퓨터가 합작하여 총 생산 공정의 75%를 담당함으로써 생산성을 8배로 향상시켰으며, 공장 내부만이 아니라 주변 $9,000km^2$ 내 1000여 개 공장과 인터넷으로 연결해 정보를 교환하며 개발과 공급망 관리를 하는 시스템을 구축하여 1개 라인에서 100개의 다품종 생산이 가능하도록 스마트 공장을 구현하였다고 설명을 덧붙였습니다.

이렇게 만들어진 지멘스의 암베르크 공장을 2015년 2월 독일의 메르켈 총리가 방문하여 공장 견학과 설명을 듣고 감명을 받아 표현한 "제조업의 미래를 보았다"라는 내용이 언론을 통해 알려지며 인더스트리 4.0이 더 많은 사람들의 관심을 받게 되었고, 이어 2015년 4월의 독일 하노버 MESSE 개막식에서 메르켈 총리가 키노트 스피치를 하며 "인더스트리 4.0은 미래 독일, 나아가 미래 세계를 만들어 갈 핵심 키워드"라고 강조하여 더 큰 반향을 불러일으키고 세계적인 관심사로 등장하게 되었습니다.

## 지멘스 암베르크 공장 사례

▲ 독일 암베르크 시스템 컨트롤러 생산 공장

- 로봇 스스로 제품 생산: Big data 분석을 통해 대부분의 공정을 자동화
  - 1,000여 개의 센서로부터 일 5,000만 건의 데이터 수집(기계 이상, 불량품 감지)
  - 생산공정 개선과 공장 자동화를 위한 정보로 데이터 자동 가공 가동설비 선택, 에너지 효율 관점의 최적공정 선택 등을 위한 초단위 진단
  - 공정 문제 발생 시, 원격제어를 통한 문제 해결: 수 만개의 부품에 바코드를 부착, 문제 부품 즉시 확인
  - 공장 자동화율 75% 수준: 현장 직원은 테스트 및 중요 의사결정만 수행
- 생산공정 개선으로 불량률은 제품 100만개 중 11.5개 수준, 생산성은 도입 이전대비 8배 증가

이후 인더스트리 4.0은 독일을 중심으로 더욱 발전되어가고 있고, 다른 여러 나라에서도 스마트 공장을 통한 제조업의 혁신 방안으로 도입되어 의미 있는 성과를 창출하며 발전해 가고 있는 현재 진행형인 제조업 중심의 혁신 방안입니다.

미국에서는 산업 IOT 컨소시엄이 구축되어 인더스트리 4.0의 실현을 위해 많은 기업들이 참여하고 있으며 2016년 3월에는 GE, 지멘스, SAP, 보쉬 등의 미국과 독일 기업들이 이 컨소시엄을 통해 파트너십을 체결하여 양국간의 협력을 강화하고 있습니다.

중국에서는 2015년에 인더스트리 4.0에 대응되는 "중국제조 2025"라는 국가 전략을 발표하였고, 이어 이 프로그램에 향후 30억 달러 이상의 정부 차원의 자금 지원과 인더스트리 4.0의 개념을 통해 중국 제조업의 경쟁력을 향상시켜 글로벌한 중국의 경쟁력을 키워 나가겠다는 전략을 구체화하여 집행하고 있습니다.

이 외에도 일본은 일본이 강점을 가지고 있는 로봇 산업을 강화하여 인더스트리 4.0을 실현하겠다는 전략을 펼쳐나가고 있고, 한국에서도 한 때 인더스트리 4.0에 대한 관심이 높아져 스마트 팩토리를 구축해야 한다는 분위기가 고조되었으나 지금은 4차 산업혁명이라는 화두와 함께 과제 중의 하나로 전개해 나가고 있습니다.

**인더스트리 4.0 시대의 변화모습**

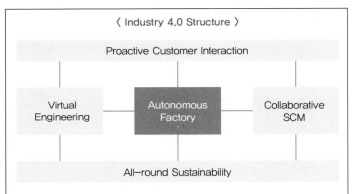

〈 Industry 4.0 Structure 〉

Proactive Customer Interaction

Virtual Engineering

Autonomous Factory

Collaborative SCM

All-round Sustainability

- Virtual Engineering R&D: 생산, 유통, A/S 등 숲 단계에 가상환경 기반의 Simula-tion 적용으로 자원 효율성 극대화
- Autonomous Factory: 공장 스스로 생산, 공정통제, 작업장 안전 등을 관리하는 완벽한 'Smart Factory'로 전환 – 고객 맞춤형 다품종 대량 생산체계 구현
- Collaborative SCM: Real – time Planning – 실시간 주문, 재고, 물류, 판매현황에 따른 계획조정
- Proactive Customer Interaction: 고객 실시간 사용경험에 바탕을 둔 고객 가치 혁신–혁신적 제품 및 비즈니스 모델 개발
- Sustainability: 에너지 효율 제고 및 자연 친화적 제조 기반 마련 – 에너지 효율 제고, 작업장 환경, 폐기물 처리 등

## 클라우스 슈밥의 4차 산업혁명

앞에서 4차 산업혁명이 선언되기 이전에 산업혁명과 관련해 어떤 논의들이 있었고 어떤 혼란들이 있었는지 충분히 논의가 된 것 같으니 이제 4차 산업혁명에 대해 본격적으로 이해해 보도록 할까요?

## 4차 산업혁명 선언

디지털, 물리적, 생물학적인 기존 영역의 경계가 사라지고 융합되는 기술적인 혁명이다.

– 클라우스 슈밥(세계경제포럼, 2016.01)

4차 산업혁명이라는 용어가 세상에 알려지고 본격적으로 많은 나라에서 새로운 화두가 되기 시작한 것은 여러분도 잘 알고 계시듯이 2016년 1월 스위스의 다보스에서 열린 세계 경제포럼WEF, World Economic Forum, 즉 다보스 포럼에서 WEF의 의장인 클라우스 슈밥이 WEF의 연구보고서를 바탕으로 4차 산업혁명 시대가 도래하고 있다고 공식으로 선언하고, 뒤이어 제4차 산업혁명이라는 책을 출간하면서 널리 알려지게 되었습니다. 그리고 우리나라에서는 인공지능 알파고와 이세돌의 바둑 대국이 전세계적인 관심을 불러일으키면서 인공지능이 만들어 갈 새로운 시대와 4차 산업혁명이 오버랩 되면서 더 큰 화제가 되었지요.

## 4차 산업혁명의 정의

그러니까 4차 산업혁명이라는 용어가 이미 우리 귀에는 친숙해 졌지만 우리에게 알려지기 시작한지는 얼마 되지 않은 것이지요. 그러면 클라우스 슈밥은 4차 산업혁명을 어떻게 정의하였을까요? 4차 산업혁명에 대한 설명은 클라우스 슈밥의 "제4차 산업혁명"이라는 그의 저서에서 주장한 내용을 중심으로 정리해 보도록 하겠습니다.

클라우스 슈밥은 4차 산업혁명 이전에 세 번의 산업혁명이 있다고 보았습니다. 1차 산업혁명은 1760~1840년경에 철도 건설과 증기기관의 발명을 바탕으로 기계에 의한 생산을 이끌었고, 19세기 말에서 20세기 초까지 이어진 제2차 산업혁명은 전기와 컨베이어 벨트의 출현으로 대량생산을 가능하게 한 것을 꼽았습니다. 그리고 1960년대에 시작된 제3차 산업혁명은 반도체와 메인프레임 컴퓨팅(1960년대), PC(1970년대와 1980년대), 인터넷(1990년대)이 발달을 주도했고, 그래서 이를 "컴퓨터 혁명" 혹은 "디지털 혁명"이라고도 부른다고 설명했습니다. 여기까지가 클라우스 슈밥이 1에서 3차 산업혁명을 설명한 전부입니다.

슈밥은 이상과 같이 1차에서 3차 산업혁명을 설명하고 오늘날 우리는 제4차 산업혁명의 시작점에 있고 디지털혁명을 기반으로 한 제4차 산업혁명은 21세기의 시작과 동시에 출현했다고 보았습니다. 그리고 제4차 산업혁명을 이끄는 기술을 유비쿼터스 모바일 인터넷, 더 저렴하면서 작고 강력해진 센서, 인공지능과 기계학습machine learning을 그 특징으로 꼽았습니다. 그리고 3차 산업혁명의 특징 기술이었던 컴퓨터 하드웨어, 소프트웨어, 네트워크가 핵심인 디지털 기술에서, 더욱 정교해지고 통합적으로 진화한 디지털 기술이 사회와 세계경제의 변화를 이끌고 있으며, 이러한 변화를 4차 산업혁명으로 보았지요. 다시 요약해 보면 "디지털 기술"과 "진화한 디지털 기술"이 3차와 4차 산업혁명의 기술 특징으로 설명되고 있는 셈입니다. 결국 3차와 4차 산업혁명의 뿌리는 디지털 기술에 있다고 보았고, 다만 4차 산업혁명은 기존 3차 산업혁명의 디지털 기술에서 진화된 개념의 디지털 기술이 주 동인이라고 본 것이지요. 그리고 진화의 개념을 보완하기 위해 MIT의 에릭 브린욜프슨 교수와 앤드류 맥아피 교수의 『제2의 기계시대The Second Machine Age』라는 책에 나오는, "오늘날 세계는 디지털 기술의 영향력이 자동화로 완벽한 힘을 갖추고, 전례 없는 새로운 것을 만들어내기 시작하는 변곡점의 시기에 있다"라는 주장을 인용하며 디지털 기술의 변곡점이 4차 산업혁명의 시발점이 되고 있다고 보았습니다.

또한 슈밥은 4차 산업혁명이 스마트 공장smart factories의 도입을 통해 제조업의 가상 시스템과 물리적 시스템이 유연하게 협력할 수 있는 세상을 만듦으로써, 상품의 완전한 맞춤 생산이 가능해지고 새로운 운영 모델이 발생할 수 있다는 독일 인공지능 연구소가 발표한 CPS<sup>Cyber Physical System</sup>와 인더스트리 4.0도 4차 산업혁명에 포함된다고 보았습니다.

그리고 4차 산업혁명은 단순히 기기와 시스템을 연결하고 스마트화하는 디지털 기술만이 아니라 유전자 염기서열 분석<sup>gene sequencing</sup>, 나노기술, 재생 가능 에너지, 퀀텀 컴퓨팅까지 다양한 분야에서 동시 다발적으로 일어나고 있는 기술 진보들을 포함하며, 이 모든 기술들이 융합하여 물리학, 디지털, 생물학 분야가 상호 교류하는 새로운 혁신을 만들어 가기 때문에 이전의 산업혁명과는 궤를 달리한다고 보았습니다(클라우스 슈밥, 제4차 산업혁명, pp. 25-26).

여기에서 그의 주장을 한번 정리해 보면, 슈밥은 21세기에 들어 4차 산업혁명이 시작되고 있다고 보았고 4차 산업혁명을 특징 짓는 기술로 "진화된 디지털 기술", CPS와 스마트 팩토리의 인더스트리 4.0, 더 나아가 물리학, 디지털, 생물학이 경계를 허물고 상호 교류하며 만들어 가는 거대한 기술 진보로까지 범위를 확대하였습니다. 이로써 단지 제조업이 디지털 기술과 결합되어 새로운 혁신을 일으키는 인더스트리 4.0과 차별화 하였고, 디지털 기술만이 아닌 물리학, 생물학과 융합된 융합 기술로 범위를 확대하였습니다. 또한 여기에서 주의해 보아야 할 점은 물리학, 생물학 단독의 새로운 혁신이 아니라 디지털 기술과 융합된 거대한 약진으로 본 점입니다. "진화된 디지털 기술"을 중심에 두고 디지털 기술이 다른 학문과 융합하여 만들어 가는 새로운 기술들도 4차 산업혁명의 범위에 포함시킨 셈이지요.

슈밥은 그의 저서에서 이 외에도 다양한 새로운 기술을 언급하며 이 기술들이 4차 산업혁명을 이끌 것이라고 전망하였는데, 이 기술들을 세 방향의 메가트렌드로 정리하였습니다.

첫 번째 메가트렌드는 물리학Physical 기술인데, 여기에는 자율주행차를 포함하여 드론, 트럭, 항공기, 선박 등의 무인운송 수단과 적층 가공additive manufacturing이라 불리는 3D 프린팅, 첨단 로봇공학, 자가 치유와 세척이 가능한 소재, 형상 기억 합금, 그래핀, 열경화성 플라스틱thermoset plastics, 압전 세라믹과 수정 등 스마트 소재를 포함한 신소재가 포함된다고 보았습니다.

**메가트렌드 기술**

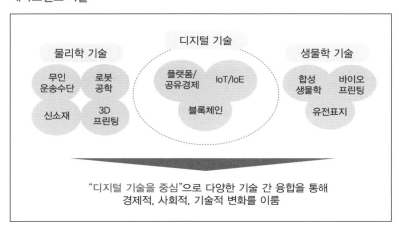

두 번째 메가트렌드는 디지털 기술이며, 사물인터넷IOT, 블록체인blockchain, 공유경제라 불리는 on-demand economy가 만들어 내는 우버, 페이스북, 알리바바, 에어비앤비 등의 플랫폼 비즈니스가 포함된다고 보았습니다. 이는 앞에서 설명한 인공지능이 포함된 "진화된 디지털 기술"과는 좀 다른 접근이 아닌가 생각됩니다.

세 번째 메가트렌드는 생물학Biological 기술로 유전공학, 합성생물학synthetic biology, 바이오 프린팅(생체조직 프린팅), 뇌과학 등을 포함시켰습니다(클라우스 슈밥, 제4차 산업혁명, pp. 36-50).

그리고 세 방향의 메가트렌드만으로는 추상적으로 느껴질 수 있기 때문에 2015년 9월 출간된 세계경제포럼 보고서에 나오는 2025년에 일어날 변화를 예상하는 21가지 티핑 포인트를 예시로써 보여주었습니다.

**2025년에 발생할 티핑 포인트**

| 2025년 발생할 티핑 포인트 | 응답 비율(%) |
|---|---|
| 인구의 10%가 인터넷에 연결된 의류를 입는다. | 91.2 |
| 인구의 90%가 (광고료로 운영되는) 무한 용량의 무료 저장소를 보유한다. | 91.0 |
| 1조 개의 센서가 인터넷에 연결된다. | 89.2 |
| 미국 최초의 로봇 약사가 등장한다. | 86.5 |
| 10%의 인구가 인터넷이 연결된 안경을 쓴다. | 85.5 |
| 인구의 80%가 인터넷상 디지털 정체성을 갖게 된다. | 84.4 |

| | |
|---|---|
| 3D프린터로 제작한 자동차가 최초로 생산된다. | 84.1 |
| 인구조사를 위해 인구 센서스 대신 빅데이터를 활용하는 최초의 정부가 등장한다. | 82.9 |
| 상업화된 최초의 (인체) 삽입형 모바일폰이 등장한다. | 81.7 |
| 소비자 제품 가운데 5%는 3D 프린터로 제작된다. | 81.1 |
| 인구의 90%가 스마트폰을 사용한다. | 80.7 |
| 인구의 90%가 언제 어디서나 인터넷 접속이 가능하다. | 78.8 |
| 미국 도로를 달리는 차들 가운데 10%가 자율주행차이다. | 78.2 |
| 3D 프린터로 제작된 간이 최초로 이식된다. | 76.4 |
| 인공지능이 기업 감사의 30%를 수행한다. | 75.4 |
| 블록체인을 통해 세금을 징수하는 최초의 정부가 등장한다. | 73.1 |
| 가정용 기기에 50% 이상의 인터넷 트래픽이 몰리게 된다. | 69.9 |
| 전 세계적으로 자가용보다 카셰어링을 통한 여행이 더욱 많아진다. | 67.2 |
| 5만 명 이상이 거주하나 신호등이 하나도 없는 도시가 최초로 등장한다. | 63.7 |
| 전 세계 GDP의 10%가 블록체인 기술에 저장된다. | 57.9 |
| 기업의 이사회에 인공지능 기계가 최초로 등장한다. | 45.2 |

지금까지 설명 드린 내용이 슈밥이 그의 저서에서 설명하고 있는 4차 산업혁명에 대한 정의와 4차 산업혁명을 드라이브하고 있는 주요기술에 해당하는 부분입니다.

그는 이에 더해 서문에서 일부 학자와 전문가들이 지금 벌어지고 있는 상황들을 여전히 3차 산업혁명의 연장선으로 이해하고 있음을 경계하며 이번 4차 산업혁명이 기존의 산업혁명과 다른 차이점을 다음의 세 가지면으로 설명하고 "이번에는 다르다This Time Is Different"라고 강조하기까지 하였습니다.

속도velocity: 제1~3차 산업혁명과는 달리, 제4차 산업혁명은 선형적 속도가 아닌 기하급수적인 속도로 전개 중이다. 이는 우리가 살고 있는 세계가 다면적이고 서로 깊게 연계되어 있으며, 신기술이 그보다 더 새롭고 뛰어난 역량을 갖춘 기술을 만들어 냄으로써 생긴 결과다.

범위와 깊이Breadth and Depth: 제4차 산업혁명은 디지털혁명을 기반으로 다양한 과학기술을 융합해 개개인뿐 아니라 경제, 기업, 사회를 유례없는 패러다임 전환으로 유도한다. "무엇을" "어떻게" 하는 것의 문제뿐 아니라 우리가 "누구"인가에 대해서도 변화를 일으키고 있다.

시스템 충격System Impact: 제4차 산업혁명은 국가 간, 기업 간, 산업 간 그리고 사회 전체 시스템의 변화를 수반한다(클라우스 슈밥, 제4차 산업혁명, pp. 12-13).

## 4차 산업혁명이 가져올 변화

슈밥은 이어 책의 많은 분량을 할애하여 4차 산업혁명이 가져올 변화의 내용을 경제, 기업, 국가 세계, 사회, 개인 등의 주체별로 상세히 설명하였습니다.

첫 번째로, 4차 산업혁명이 세계 경제에 미칠 영향력은 엄청날 것이라고 전제하고 그 키워드로 "성장"과 "고용"의 두 가지에 집중하여 설명하였습니다. 당분간은 고령화 사회, 과중한 부채 등의 요인으로 저성장 기조가 유지될 것이나, 지금은 막 4차 산업혁명의 초입에 있어 4차 산업혁명의 핵심인 혁신적 기술로 창출된 생산성의 폭등을 경험하고 있지 못할 뿐, 곧 재생 가능 에너지와 같은 새로운 성장 분야와 4차 산업혁명이 촉발하는 새로운 수요의 전 세계적인 확산, 각국 정부, 기업, 시민단체들의 적극적인 4차 산업 대응 등으로 세계 경제는 성장 국면으로 넘어갈 것으로 전망하였습니다.

하지만 이와 더불어 4차 산업혁명이 가져올 부정적인 영향인 불평등, 고용, 노동시장에 관련된 문제들을 제대로 인식하고 다루어야 한다고 강조하였습니다. 앞으로 수십 년 내에 다양한 산업 분야와 직군에서 기술 혁신이 노동을 대신하게 되어 일자리의 감소와 더불어 직업의 형태가 바뀌게 되는데 이 과정에 잘 대응하지 못한 사람들과 국가에게 큰 위험이 닥치게 된다고 보았지요. 고소득 전문직과 창의성을 요하는 직군에서는 고용이 늘어나지만 단순 반복 업무는 자동화로 인해 일자리가 없어지게 되어, 기술 혁신에 의한 직업의 변화에 제대로 대응하지 못하는 그룹으로 인한 사회적 불평등과 긴장감이 확대되고, 이 과정에서 국가 간에도 개발도상국으로 이전되었던 단순 반복적인 일자리가 선진국으로 일자리가 다시 돌아가는 리쇼어링 현상이 나타나게 되어 개발도상국들이 위험해진다고 보았습니다.

또한 우버 등과 같은 온 디맨드 경제의 진전으로 원하는 사람을, 원하는 때에, 원하는 방식으로 필요할 때에만 잠시 고용하는 휴먼 클라우드 형태의 고용 형태가 늘어나게 되면 노동자들의 보호 장치가 사라져 불안정한 고용이 늘어나는 가상의 노동 착취 현상이 발생할 수 있으므로, 변화하는 노동력과 진화하는 노동의 본질에 걸 맞는 새로운 형식의 사회 계약과 근로 계약을 만들어야 한다고 보았습니다.

이상의 경제에 대한 4차 산업혁명의 영향을 정리해 보면 당분간 이어질 저성장 기조는 혁신에 의한 생산성 향상과 신사업의 출현으로 곧 극복될 것이며, 오히려 기술 혁신에 따른 일자리의 변화 및 감소와 노동 형태의 변화에 따라 발생할 사회적 불평등과 긴장을 잘 해결해 나가야 할 큰 과제로 보았습니다(클라우스 슈밥, 제4차 산업혁명, pp. 56-85).

두 번째로, 4차 산업혁명이 기업 분야에서도 큰 변화를 일으킬 것으로 보았는데, 주로 디지털 기술이 기업의 공급과 수요 측면과 결합하여 파괴적 혁신이 일어나게 되고 그 결과, 기업의 전통적인 가치사슬이 파괴되고, 데이터 공유 및 소통력이 뛰어난 밀레니얼 세대(1980년에서 2000년 사이 출생)가 주도하는 새로운 소비트렌드인, 소비 의사결정 과정의 투명성 및 소비자 참여 증대, 소유에서 공유로의 소비 패턴의 변화 등으로 권력이 기업에서 소비자에게 이동하는 변화가 광범위하게 일어날 것으로 보았습니다.

그리고 이러한 기업 차원만이 아니고 디지털 기술이 상품과 서비스의 융합이라는 파괴적 혁신을 초래하여 산업 분야 간 경계를 파괴함으로써 새로운 사업모델들이 출현하는, 산업의 융합 Industry Convergence이 폭넓게 일어날 것으로 보았습니다. 이러한 기업 및 산업에 디지털 기술이 결합되어 일어나는 파괴적 혁신에 대한 대응으로, 기업들은 기존의 사업 운영 모델에 대한 전면적인 개편과 새로운 비즈니스 모델의 창출에 대한 고민이 중요하며 이를 위해 빅 데이터를 비롯한 데이터 활용 능력이 무엇보다 중요해져 이 부분에 대한 적극적인 투자가 필요하다고 보았습니다.

그리고 이러한 변화는 일부 산업이 아닌 모든 산업에 걸쳐 나타날 것이며 모든 산업이 4차 산업혁명의 힘으로 변화해가는 변화의 곡선 상에 있을 것으로 보았습니다. 이와 더불어 앞으로는 인재가 기업의 전략적 우위를 확보하기 위한 중요한 자산이므로 사업에 적합한 인재를 영입해 그들이 창의력과 혁신을 펼칠 수 있는 인재주의Talentism를 강조하였고, 데이터의 활용도가 높아짐에 따라 같이 증가되어야 하는 데이터의 보안 역량에도 지속적인 투자가 이루어져야 한다고 충고하였습니다.

이상과 같이 4차 산업혁명이 기업에 영향을 미칠 큰 변화로는, 기업의 가치사슬, 고객의 소비 패턴, 상품과 서비스의 결합으로 인한 산업의 융합 등 기업 활동 전반에 걸쳐 데이터 중심의 디지털 기술이 주도하는 파괴적 혁신이 일어나게 되므로, 이에 적극 대응하기 위한 새로운 비즈니스 모델의 구축이 시급할 것으로 보았습니다(클라우스 슈밥, 제4차 산업혁명, pp. 86-111).

세 번째로, 국가와 세계에 4차 산업혁명이 미치게 될 영향에 대해서는 국민들이 다양한 디지털 기술의 활용으로 많은 정보를 가지게 되어 이전보다 시민사회의 힘이 커지게 될 것으로 보았습니다. 이에 정부도 웹 등의 디지털 기술을 적극적으로 활용하게 되어 전자정부 기능이 확대되며, 규제가 기술변화 속도를 따라가지 못하는 현상이 심화되어, 이를 해결하기 위해 규제기관이 규제대상을 정확히 이해하고 스스로를 개편해, 지속적으로 급변하는 새로운 환경에 적응해 나가며 규제와 법제정의 새로운 생태계를 만드는 "민첩한 통치 시스템"을 만들어야 한다고 보았습니다.

그리고 온디맨드 경제의 발달로 고용 안정성과 장기근속 혜택이 없는 유연하고 임시적인 새로운 형태의 일자리가 늘어나게 되며, 정부가 독점권을 가지고 승인하는 정부 승인 직군이 파괴될 것으로 보았습니다. 이러한 변화 과정에서 일어나게 될 정보의 불균형에서 오는 디지털 격차Digital Divide를 정부가 시급히 해결해야 할 과제로 보았지요.

또한 새로운 디지털 경제에서 개방적인 국제 규범을 구축하고, 정보통신 기술에 대한 접근성과 활용 면에서 민첩한 정책 체제를 갖추어, 인재들을 유인하는 국가와 도시가 경쟁력을 가질 것으로 보았습니다.

끝으로 4차 산업혁명이 초연결 사회로의 변화를 가속시켜 불평등이 심화되고 이에 따른 사회 불안과 폭력적 극단주의가 안보 위협의 성격을 바꾸어 국가 간의 관계와 국가 안보의 본질에 근본적인 영향을 미칠 것으로 보았습니다. 그리고 군사 로봇과 인공지능 기반 자동화 무기의 출현으로 인한 Robo-War의 자율 전쟁과, 해커와 싸워야 하는 사이버 전쟁 등을 대비해야 할 과제로 꼽았습니다(클라우스 슈밥, 제4차 산업혁명, pp. 112-146).

네 번째로, 4차 산업혁명이 사회에 미칠 영향은, 로봇과 알고리즘이 노동을 자본으로 대체하고, 노동시장은 전문적 기술이라는 제한된 범위로 더욱 편중될 것이고, 전세계적으로 연결된 디지털 플랫폼과 시장은 소수의 스타들에게 지나치게 큰 보상을 주는 시스템을 만들어 새로운 아이디어와 비즈니스 모델 상품과 서비스를 제공하는 등 혁신이 주도하는 생태계에 완벽히 적응한 능력을 갖춘 사람들이 승자가 되고, 저숙련 노동력이나 평범한 자본을 가진 기존의 중산층이 기회를 잃어버리는 사회적인 불평등이 심화될 것으로 보았습니다.

그리고 디지털 채널의 증가로 많은 정보를 가지게 된 시민들이 권력을 얻었지만, 미디어가 범람하면서 개인이 활용하는 뉴스 제공의 원천이 편협해지고 양극화되는 현상과 새로운 디지털 기술을 활용하여 정부와 이익집단들이 새로운 형태의 감시와 통제를 하여 오히려 시민들이 권력을 잃을 수도 있음을 경계해야 한다고 하였습니다(클라우스 슈밥, 제4차 산업혁명, pp. 146-161).

마지막 다섯 번째로, 4차 산업혁명은 개인의 행동 양식, 프라이버시와 오너십에 대한 개념, 소비패턴, 일과 여가에 할애하는 시간, 경력을 개발하고 능력을 키우는 방식 등 개인의 정체성도 변화시킨다고 보았습니다. 또한 사람을 만나고 관계를 쌓는 방법과 사회적 계급, 건강에까지 영향을 미쳐 생각하는 것보다 빠르게 증강인간Human Augmentation을 실현해 인간 존재의 본질에 대한 의문을 불러일으킬 것으로 보았습니다. 이러한 정체성 변화와 더불어, 4차 산업혁명이 일으키는 변화를 받아들이는 사람과 저항하는 사람, 물질적 승자와 패자로 갈라놓아 개인간의 격차를 벌리는 양극화가 심화되며, 새로운 기술이 공공의 이익이 아닌 특정집단의 이익을 위해 악용될 수 있음을 인식해야 한다고 하였습니다.

그리고 4차 산업혁명으로 개인과 집단이 기술과 더욱 깊은 관계를 맺게 되면서 서로 얼굴을 맞대고 하는 대화는 온라인 소통에 밀려났고, 디지털 홍수에 빠져 있는 시간이 길어질수록 스스로 주의력을 통제하지 못해 인지능력이 퇴화하고, 인간이 타인과 공감하는 사회적 능력이 떨어질 수 있다고 우려하였습니다.

마지막으로 인터넷과 상호연결성이 높아지면서 일상적으로 사용하는 기기를 통해 편리함을 취하는 대가로 기꺼이 사생활을 제공하려는 경향이 보편화되어 이로 인해 발생하는 사생활 침해를 어떻게 해결할 것인지, 기술의 노예가 아닌 활용자가 되기 위한 개인들의 노력이 있어야만, 4차 산업혁명이 우리의 행복을 파괴하기보다는 향상시키는 힘이 될 것으로 보았습니다(클라우스 슈밥, 제4차 산업혁명, pp. 162-168).

## 4차 산업혁명의 방법론: 신기술

클라우스 슈밥은 이상과 같이 4차 산업혁명에 대한 정의와 4차 산업혁명이 가져올 변화에 대해 광범위하게 소개한 후에 4차 산업혁명을 가능하게 하는 방법론이라는 제목으로 새로운 기술들을 소개하고 있는데 이는 앞서 설명 드렸던 2025년에 발생할 티핑 포인트를 좀 더 상세히 설명하는 것으로 이루어져 있습니다.

- 체내 삽입형 기기: 상업화된 최초의 인체 삽입형 모바일 폰이 등장한다. 체내에 삽입된 기기를 통해 우리는 내장된 스마트폰을 활용하여 그간 말로 표현해야 했던 내용을 생각으로 전달할 수 있게 되고, 이에 따라 밖으로 드러나지 않은 생각 혹은 감정이 뇌파와 기타 시그널을 통해 전달될 가능성도 있다.
- 디지털 정체성: 인구의 80%가 인터넷상 디지털 정체성을 갖게 된다. 연결된 세상 속 디지털 정체성을 통해 사람들은 정보를 찾고, 공유하고, 자유롭게 생각을 표현하고, 검색하

거나 검색당하며, 사실상 세계 어디에 있는 누구와도 관계를 쌓아가고 유지할 수 있게 된다.

- 새로운 인터페이스로서의 시각: 독서용 안경의 10%가 인터넷에 연결된다. 명령, 시각화, 상호작용을 통해 시각이 즉각적이고 직접적인 인터페이스가 된다면 학습, 내비게이션, 명령, 피드백의 방법을 변화시켜 상품과 서비스를 생산하고 엔터테인먼트를 즐기고 장애가 있는 사람들의 생활을 돕는 등 결과적으로 모든 사람들이 세상과 더욱 충분히 교류하고 참여할 수 있도록 도와준다.

- 웨어러블 인터넷: 인구의 10%가 인터넷에 연결된 의류를 입는다. 의류와 장신구에도 칩이 내장되어, 해당 물품과 그 물건을 착용한 사람은 인터넷에 연결될 수 있다.

- 유비쿼터스 컴퓨팅: 인구의 90%가 언제 어디서나 인터넷 접속이 가능하다. 국가에 관계없이 누구나 지구 반대편의 정보에 접근하고 교류할 수 있게 된다. 콘텐츠 창작과 보급은 그 어느 때보다 쉬워질 것이다.

- 주머니 속 슈퍼컴퓨터: 인구의 90%가 스마트폰을 사용한다. 현재의 스마트폰과 태블릿은 과거에 방 한 칸을 모두 차지하던 크기의 일명 슈퍼컴퓨터보다 컴퓨팅 파워가 훨씬 높아졌다.

- 누구나 사용할 수 있는 저장소: 인구의 90%가 무한 용량의

무료 저장소를 보유한다. 사용자들은 저장공간을 위해 콘텐츠의 일부를 지워야 한다는 걱정 없이 점점 더 많은 콘텐츠를 생산하고 있다.

− 사물 인터넷: 1조 개의 센서가 인터넷에 연결된다. 모든 물건은 스마트해지고 인터넷에 연결되어 통신능력이 높아졌으며, 분석 능력이 향상되어 새로운 데이터를 활용한 서비스가 가능해진다.

− 커넥티드 홈: 가정용 기기에 50% 이상의 인터넷 트래픽이 몰리게 된다. 가정의 자동화가 매우 빠르게 발달하며 전등과 블라인드, 환기와 에어 컨디셔닝, 오디오, 비디오, 보안 시스템 및 가전제품을 작동시키고 조절하는데 인터넷이 사용되고 있다.

− 스마트 도시: 5만 명 이상이 거주하나 신호등이 하나도 없는 도시가 최초로 등장한다. 많은 도시들이 서비스와 공공사업, 도로를 인터넷과 연결되도록 할 것이다. 이런 스마트 도시들은 에너지와 물자 흐름, 로지스틱스와 교통상황을 관리할 수 있다.

− 빅 데이터를 활용한 의사 결정: 인구조사를 위해 인구센서스 대신 빅 데이터를 활용하는 최초의 정부가 등장한다. 빅 데이터를 기반으로 한 의사결정에는 커다란 위험과 기회가 따른다. 빅 데이터의 활용은 지금은 시장에 존재하지 않는

새로운 직군과 기회를 창출할 수도 있다.

- 자율 주행 자동차: 미국 도로를 달리는 차들 가운데 10%가 자율 주행 자동차다. 자율 주행차는 사람이 운전대를 잡고 있는 차보다 더욱 효율적이고 안전할 수도 있다. 더욱이 교통 혼잡을 줄이고 배기가스 발생을 낮출 수 있으며 현재의 교통 기관과 물류 시스템을 완전히 뒤바꿔 놓을 수 있다.

- 인공지능과 의사결정: 기업 이사회에 인공지능 기계가 최초로 등장한다. 인공지능은 자동차 운전뿐이 아니라 조언을 제공하기 위해 과거의 상황을 통해 학습하고 미래의 복잡한 의사결정 과정을 자동화하여 데이터와 과거의 경험을 바탕으로 더욱 쉽고 빠르게 결정을 내릴 수 있게 해준다.

- 인공지능과 화이트칼라: 인공지능이 기업 감사의 30%를 수행한다. 미래에는 지금 인간이 하고 있는 다양한 기능을 인공지능이 대체하는 모습을 떠올릴 수 있다. 앞으로 10년에서 20년 사이에 2010년 미국에 존재한 직업 군 가운데 많게는 47%까지 자동화 될 것이라고 보는 예상도 있다.

- 로봇공학과 서비스: 미국 최초의 로봇 약사가 등장한다. 로봇 공학은 제조업부터 농업, 소매업까지 다양한 일자리에 영향을 끼치기 시작했다.

- 비트코인과 블록체인: 전세계 GDP의 10%가 블록체인 기술에 저장된다. 비트코인과 디지털 화폐는 분산된 방식으

로 거래를 기록해 신뢰성을 높이는 '"블록체인"이라고 불리는 분산식 신탁 메카니즘에서 비롯되었다.

– 공유경제: 전세계적으로 자가용보다 카셰어링을 통한 여행이 더욱 많아진다. 공유경제의 구성요소나 특징 혹은 공유경제를 설명하는 개념은 다양하다. 기술 기반, 소유보다는 접근성 선호, P2P, 개인자산의 공유, 접근의 용이함, 사회적 상호작용 증가, 협력적 소비, 공유 관계자들의 열린 피드백 등이 공유경제의 특징이다.

– 정부와 블록체인: 블록체인을 통해 세금을 징수하는 최초의 정부가 등장한다. 블록체인은 국가에게 기회와 도전과제를 함께 제시한다. 어떤 중앙은행에 의해서도 규제되지 않고 감독받지 않기 때문에 통화 정책에 대한 국가의 지배력이 감소함을 의미한다.

– 3D 프린팅 기술과 제조업: 3D 프린터로 제작된 자동차가 최초로 생산된다. 적층 가공이라 불리는 3D 프린팅은 입체적으로 만들어진 3D 디지털 설계도나 모델에 원료를 층으로 쌓아 올려 물체를 만들어 내는 기술이다. 3D 프린팅 기술로 복잡하고 정교한 제품을 복잡한 장비 없이 만들 수 있게 된다.

– 3D 프린팅 기술과 인간의 건강: 3D 프린터로 제작된 간이 최초로 이식된다. 언젠가는 3D 프린터가 물건뿐 아니라 인

간의 장기까지도 제작하는 날이 올 수도 있다. 이를 바이오 프린팅Bioprinting이라고 부른다.

- 3D 프린팅 기술과 소비자 제품: 소비자 제품 가운데 5%는 3D 프린터로 제작된다. 최근 3D 프린팅 기술의 활용은 소비자 제품을 개발하고 제작하는 다양한 분야에 활용되고 있다.
- 맞춤형 아기Designer Beings: 직접적이고 의도적으로 유전자가 편집된 최초의 인간이 탄생한다. 진정한 혁신은 헌신적인 과학자들이 식물과 동물의 유전자를 편집할 수 있는 능력을 갑자기 얻게 된 것이 아니라 염기서열 분석 및 유전자 편집 기술의 발달로 그 과정이 굉장히 용이해진 데 있다.
- 신경 기술: 인공 기억을 완벽하게 이식 받은 인간이 최초로 등장한다. 신경 기술은 뇌의 활동을 모니터링하고 뇌가 어떻게 변하고 세상과 교류하는지를 관찰한다.

(클라우스 슈밥, 제4차 산업혁명, pp. 172-250)

지금까지 설명 드린 내용이 클라우스 슈밥이 4차 산업혁명의 방법론이라는 제목으로 4차 산업혁명을 이끌어갈 기술들을 열거한 내용이며 이는 2015년 세계경제포럼WEF이 연구 발표한 "거대한 변화—기술의 티핑 포인트와 사회적 영향"을 주로 인용하고 있습니다.

이들 기술들을 분류해보면 총 23개의 기술 중 10개가 인터넷과 모바일을 기반으로 한 연결기술과 관련된 것으로 압도적으로 많고, 빅 데이터 인공지능 관련 기술이 3개, 3D 프린팅 관련 기술이 3개, 블록체인 관련 기술이 2개, 유전자와 신경 관련 바이오 기술이 2개, 그리고 자율 주행차, 로봇, 공유 경제 등이 언급되고 있습니다.

그러면 클라우스 슈밥이 출간한 『4차 산업혁명』이라는 책을 통해 4차 산업혁명을 어떻게 설명하고 있는지를 요약해 보도록 하겠습니다.

그는 4차 산업혁명 이전의 3단계 산업혁명을 인더스트리 4.0에서 인용하고 있는, 제조업을 변화시켜온 증기기관, 전기, 디지털 기술을 그 동인으로 그대로 설명하고 있습니다. 그리고 3차 산업혁명의 동인이 된 디지털 기술에 이어 21세기 들어서 부각되고 있는 "진화된 디지털 기술", 즉 모바일 인터넷, 인공지능, 스마트 공장을 포함한 인더스트리 4.0을 4차 산업혁명의 특징적인 주요 디지털 기술로 정의하였습니다. 이와 더불어 이러한 "진화된 디지털 기술"과 물리학, 생물학이 융합되어 새로운 혁신을 이루어 나갈 것으로 보아, 디지털 기술만이 아닌 다른 영역의 신기술까지 포함하는 개념으로 보았습니다. 그리고 4차 산업혁명이 가져올 변화의 내용을 경제, 기업, 국가 세계, 사회 개인 등의 주체별로 상세히 설명하여, 4차 산업혁명이 단순한 기술의 변화뿐만이 아니라 기술 혁신과 그에 수반해 일어난 사회 경제 구조의 변혁까지 만들어 갈 것이라고 그 영향을 폭넓게 보았습니다. 이는 앞에서 보았던 아놀드 토인비의 산업혁명에 대한 정의와도 많이 부합된다고 볼 수 있겠지요. 그리고 마지막으로 4차 산업의 방법론이라는 제목으로 23가지 기술이 4차 산업혁명을 이끌 것으로 보았는데, 그 내용은 주로 "진화된 디지털 기술"이 차지하고 있습니다.

# CHAPTER 2

4차 산업혁명의
동인

THE FOURTH INDUSTRIAL REVOLUTION

# 02 Chapter

# 4차 산업혁명의 동인: 스마트 기술

## 스마트 기술과 4차 산업혁명

지금까지 기존의 1, 2, 3, 4차 산업혁명에 대한 다양한 의견들을 살펴보았습니다. 인류의 역사에서 산업혁명이 어떻게 발전해 왔는지, 그리고 4차 산업혁명을 통해 앞으로 일어날 변화에 대해 어느 정도 이해는 되었다고 생각합니다만 아직도 4차 산업혁명의 실체에 대해서는 혼란스러운 면이 남아 있는 것도 사실입니다. 이번 장에서는 이러한 혼란을 줄여보기 위해 제 나름대로 정리해 온 스마트 기술이라는 관점을 도입하여 4차 산업혁명을 설명해 보도록 하겠습니다.

앞서 정의되었던 1, 2, 3차 산업혁명과 우리들이 사회·경제

시간에 배웠던 1, 2, 3차 산업과 어떤 연관이 있을까요? 완전히 출발점이 다른 개념이기는 하지만 잘 생각해 보면 서로 연관 관계도 있어 보입니다. 일단 산업 분류의 1차 산업은 자연 상태에 인간의 노력을 부가하여 생산을 하는 농업, 수산업, 광업 같은 산업입니다. 2차 산업은 자연보다는 인간의 주도에 의해 만들어진 생산 기반에서 인간이 필요로 하는 물건을 만드는 제조 산업이지요. 그리고 3차 산업은 인간의 노력에 의해 주도되는 인간의 편익을 높여 주는 서비스 산업입니다. 여기까지가 우리가 사회·경제 시간에 배웠던 산업 분류이고, 국가 경제가 발전할수록 1, 2차 산업보다는 3차 산업의 비중이 늘어난다고 배웠습니다.

한편, 1차 산업혁명은 증기기관의 발명으로 자연력이나 동물의 힘에 의존해서 1, 2, 3차 산업을 영위하던 인간들이 증기기관의 동력을 이용함으로써 각 산업에서의 생산성을 대폭 향상시켜 인류 역사 상 경제성장률을 비약적으로 향상시킨 계기를 만든 것이지요. 이때부터 전세계 국가 간의 경제력에 바탕을 둔 경쟁력 차이가 벌어지기 시작했고, 이때 만들어진 국가 간의 격차가 아직까지도 큰 변화 없이 유지되고 있는 것이 현실입니다. 1차 산업혁명을 남들보다 먼저 이루어 간 나라들이 열강으로 떠올라 세계 역사를 주물렀고, 이때 나타난 열강들이 일부 부침은 있습니다만 아직까지도 세계 질서를 주도하고 있습니다.

이어 진행된 2차 산업혁명은 인류 역사에 어떤 영향을 가져왔을까요? 2차 산업혁명은 19세기 말에서 20세기 초에 걸쳐 일어났다고 보는 견해가 많습니다. 하지만 2차 산업혁명에 대한 이해에도 몇 가지 다른 견해가 있는데 그중 하나가, 2차 산업혁명의 동인과 범위를 단지 전기라는 신기술의 도입에 의한 대량생산 체계의 발달로 만들어진 제조의 혁신으로 보는 견해이며, 이러한 관점이 독일을 중심으로 강조된 인더스트리 4.0에서 설명하고 있는 2차 산업혁명에 대한 정의입니다. 인더스트리 4.0에서 만이 아니라 4차 산업혁명이라는 용어를 처음 주창한 클라우스 슈밥도 같은 정의를 하였지요.

하지만 경제사에서 일반적으로 2차 산업혁명을 바라보는 시각은 19세기 말에서 20세기 초에 걸쳐 일어난 광범위한 분야에서의 과학기술의 발전으로 다양한 새로운 산업이 만들어진 폭넓은 범위의 산업혁명으로 이해하고 있습니다. 단지 전기가 증기기관을 대체하여 동력으로 활용되고, 컨베이어 벨트의 도입을 가능케 해 제조업의 생산성을 비약적으로 끌어올린 혁신만이 아니라 석유를 활용해 다양한 새로운 물질들을 만들어 낸 화학 산업과 내연 기관에 석유에서 만들어 낸 연료를 사용하여 이동수단의 혁신을 이루어낸 자동차 산업을 비롯한 기계 산업, 의학의 발전과 더불어 발전해 간 제약 산업 등 다양한 새로운 산업이 만들어지고, 이와 더불어 새로운 서비스 산업, 새로운 직업 군, 새로운 사회 계층의 출현과 구조 변화 등 오늘날 우리가 살고 있는 사회·경제 구조가 이때 만들어진 것으로 볼 수 있습니다. 이후 만들어진 세분화 된 산업들이 지금 우리가 사회·경제 시간에 배우고, 경제학자들이 경제구조를 설명할 때 사용하는 산업들이 된 것이지요.

1차 산업혁명도 인류의 역사에 큰 영향을 미쳤지만, 지금 우리가 살고 있는 세상은 거의 2차 산업혁명에 의해 만들어지고 영향을 받았다고 보면 너무 심한 비약일까요? 하지만 지금 우리의 삶을 찬찬히 뜯어보면 2차 산업혁명의 영향이 생각보다 더 광범위하게 퍼져있음을 실감할 수 있습니다. 우리가 현재 삶을 영위하고 경제활동을 하고 있는 모든 산업은 2차 산업혁명기에 만들어지기 시작한 기술들이 새로운 산업들을 만들고 영향을 미치며 발전시킨 것이지요. 지금 여러분들이 알고 있는 산업들을 하나하나 떠올리며 그 근원을 살펴보면 지금부터 100여 년 전에 시작된 것임을 알 수 있습니다.

그러면 3차 산업혁명은 우리에게 어떤 영향을 미쳤고 어떤 변화를 가져왔기에 산업혁명이라는 이름으로 불리게 되었을까요?

3차 산업혁명은 앞서 살펴봤듯이 제레미 리프킨의 에너지 산업을 중심으로 한 혁신으로 보는 견해도 있었습니다만, 많은 사람들이 컴퓨터와 인터넷으로 대변되는 디지털 기술이 3차 산업혁명의 핵심 기술이고, 디지털 기술이 여러 산업에 활용이 되면서 부가가치 증대와 생산성 향상을 이루어 3차 산업혁명을 만들어냈다고 보고 있습니다. 그러면 여기서 떠오르는 의문이, 인더스트리 4.0과 클라우스 슈밥의 『4차 산업혁명』에서 정의하고 있듯이 디지털 기술이 제조업에만 접목되어 공장의 생산성을 올리는 데에만 사용되었고, 제조 공정의 디지털화만이 3차 산업혁명의 전부로 보아야 할까요? 하지만 여러분들이 이미 알고 계시듯이 디지털 기술이 영향을 미쳐 생산성을 비약적으로 향상시킨 산업은 제조 산업만이 아닌 1, 2, 3차 모든 산업이며, 오히려 디지털 기술은 제조 산업의 생산성 향상보다는 3차 산업인 서비스 사업에 더 큰 영향을 미쳤고, 검색이나 SNS 서비스와 같은 디지털 플랫폼을 기반으로 한 새로운 서비스 사업 모델을 만들어 냄으로써 산업과 기업들의 판도를 바꾸는 패러다임의 변화를 만들어 내었습니다. 이런 면에서 보면 인더스트리 4.0과 클라우스 슈밥의 『4차 산업혁명』에서 정의하고 있는 3차 산업의 범위를 디지털 기술이 제조업에 접목되어 제조 공정의 생산성 향상에 기여한 것을 3차 산업혁명으로 보는 관점 역시 너무 좁은 범위로 3차 산업혁명을 바라보는 것으로 보입니다.

좀 관점을 돌려보면 컴퓨터와 인터넷 기술이 독자적으로 새로운 산업을 만들어 내거나 생산성의 비약적인 향상에 기여했다고 볼 수 있을까요? 물론 인터넷과 디지털 기술을 활용하여 구글이나 페이스북 같은 새로운 사업모델이 만들어지기도 하였습니다만, 그보다 컴퓨터와 인터넷 기술이 인류의 생활과 산업의 생산성 향상에 더 크게 기여한 것은 인간들이 처리할 수 있는 한계를 뛰어넘는 정보처리 능력을 제공해 기존에 인간들이 만들어 놓은 대부분의 산업, 즉 2차 산업혁명 이후에 만들어진 산업들의 생산성 혁신을 일으켜 부가가치를 높여나간 것으로 볼 수 있습니다.

다시 말해 디지털 기술이 그 자체로 새로운 산업들을 만들어 갔다기보다는 2차 산업혁명에 의해 만들어진 기존 산업들과 결합하여 그 산업들의 생산성 향상과 디지털 융합에 의한 새로운 비즈니스 모델들을 만들어 간 것을 3차 산업혁명이라고 보는 것이 맞지 않을까요?

컴퓨터의 도입이 1960년대 시작되기는 하였지만 우리 산업에 영향력이 확대되어 정보화 혁명이라는 용어가 쓰이기 시작한 것은 PC 보급의 확대로 개인들의 컴퓨터 활용이 보편화 되고 인터넷 기술의 발달로 세계가 하나로 연결되던 1990년대 이후인 것으로 생각됩니다. 이때부터 거의 모든 산업에서 IT를 활용하여 생산성 향상에 활용하기 시작하였고, 이러한 IT의 활용은 민간 기업만이 아니라 정부 기관들도 폭넓게 활용하기 시작하여 전자정부e-Government라는 새로운 용어가 나타나는 등 IT, 즉 디지털 기술이 온 사회·경제에 커다란 변혁을 가져오게 되었습니다. 전세계적으로 모든 산업과 조직에서 폭넓게 디지털 기술을 활용하였고, 디지털 기술이 만들어 낸 인류의 삶의 변화는 이미 여러분들이 체험하고 있는 바 그대로 입니다. 다양한 산업들에 디지털 기술들이 접목되고 융합되어 생산성의 비약적 향상과 새로운 사업 모델들을 만들어 나갔습니다.

그런데 그 이후 20세기 말부터 어떤 현상이 벌어졌나요? 디지털 기술의 활용에 의한 산업들의 변화가 모두 성공적인 결과를 만들어 냈습니까? 20세기 말에 일어난 현상은 여러분들도 기억하시는 e−business 붐과 이어 발생한 거품, 그리고 이어진 거품의 붕괴였지요. 이 시기에는 모든 기업, 산업들이 인터넷으로 연결되어야 "New Economy"에서 살아남을 수 있다고 생각하여 모든 기업들이 e−business로 바뀌어야 한다는 강박감으로 IT에 묻지마 투자를 하였고, 인터넷으로 연결되기만 하면 새로운 사업이 만들어질 수 있다는 생각에 새로운 사업 모델과 회사를 만들어 투자를 유치하는 열풍이 21세기 초까지 이어졌습니다. 하지만 많은 기업과 조직들이 지속가능한 경쟁력을 만들어 내지 못하여 사업을 접게 되었고, 이후 전 세계적으로 e−business 거품의 붕괴라는 현상이 나타나게 되며 세계 경제에 큰 충격을 주었고, 한동안 IT와 디지털 기술이 만들어 가는 미래에 많은 회의가 제기되기도 하였지요.

하지만 이 시기에도 거품의 붕괴와 함께 사라진 기업들만이 있는 것은 아니었습니다. 지금 여러분들이 알고 있는 구글, 아마존, 알리바바 등 IT 공룡이라고 하는 기업들이 이 시기 이후에 창업을 하였고 새로운 사업 모델을 만들어 간 회사들이지요. 또한 지금 사업을 영위하고 있는 대다수의 기업, 그리고 정부기관들도 디지털 기술을 활용하여 비약적인 생산성 향상과 일하는 방식에 긍정적인 변화를 가져왔습니다.

그럼 어떤 차이가 디지털 기술을 잘 활용한 조직과 그렇지 못한 조직의 차이를 가져왔을까요? 저는 그 답이 새로운 디지털 기술의 도입과 활용으로, 추가적이며 의미 있는 부가가치를 만들어 내었는지 여부에 있다고 봅니다. 즉, 새로운 기술을 도입하는데 들어간 비용보다 추가적으로 만들어 낸 부가가치가 커야만 지속적인 생존이 가능한 것이지요. 아무리 멋있고 좋아 보이는 기술이라 하더라도 장기적으로, 투입된 비용보다 큰 부가가치를 창출해 내지 못하면 그 조직이나 기업은 생존해 나갈 수 없다는 것이, 물리학의 자연 법칙처럼 경제의 기본입니다. 하지만 디지털 기술의 효용과 영향력에 대한 기대가 과열되면서 디지털 기술에 대한 맹신이 일어났고 그 결과 어떤 부가가치를 만들어 낼 것인지에 대한 생각이나 기획 없이 무조건 기술만 바라보고 투자를 해간 것이 거품과 부작용을 만들어 내었던 것이지요. 하지만 디지털 기술을 잘 활용한 기업과 조직들은 디지털 기술을 통해 비용을 뛰어 넘는 부가가치와 생산성 향상, 더 나아가서는 기존에 없던 새로운 사업모델을 만들어 인류에게 새로운 가치를 제공함으로써 기존의 기업들을 뛰어넘는 가치를 인정받는 단계까지 사업을 발전시켜 성공하게 된 것입니다.

여기에서 저는 3차 산업혁명을 단지 컴퓨터와 인터넷으로 대표되는 디지털 기술의 출현 그 자체에만 비중을 두고 볼 것이 아니라 디지털 기술이 기존의 산업, 기업, 정부 기관 등의 조직에 도입되어 인류에 필요한 부가가치를 제대로 만들어 내는 단계까지 발전하고 있는지에 더 큰 비중을 두고 보아야 한다고 생각합니다. 즉, 산업혁명에 대해 동인이 되는 기술만 바라볼 것이 아니라 그 기술이 도입되어 만들어 내는 부가가치까지 염두에 두고 각 산업들을 바라보아야 비로소 산업혁명의 의미를 제대로 이해할 수 있다고 보는 거지요.

제가 왜 이런 이슈를 제기하는 걸까요?

그 이유는 요즈음 4차 산업혁명에 대한 많은 논의들이 인공지능, IOT, 3D 프린터 등 너무 기술에 치중되고 있지 않나 하는 생각 때문입니다. 물론 새로운 산업혁명을 고민하면서 그 동인이 되는 기술에 관심을 갖는 것은 당연하다고 할 수 있겠습니다만, 새로운 산업혁명에 어떻게 잘 대응해 갈지를 고민하면서 새로운 기술에만 치우친 시각을 가지고 대처해 나가다가는 앞서 설명 드린 3차 산업혁명기의 버블이 재현되지 않을까 하는 걱정에서 입니다. 새로운 산업혁명이 시작되고 있고 이에 대한 적절하고 신속한 대응이 우리나라의 경쟁력에 큰 영향을 미칠 거라는 걱정에 휩싸여 무조건적인 기술 투자만 해서는 그 결과가 엉뚱한 방향으로 가는 부작용이 나타날 수도 있기 때문이지요. 물론 새로운 산업혁명의 동인이 되는 기술에 대한 관심과 적극적인 투자가 필요하기도 하지만 이와 더불어 이러한 신기술들을 어디에 어떤 방법으로 적용하여 지속적이고 의미 있는 부가가치를 만들어 낼 것인지에 대한 고민이 같이 병행되어야만 투자된 기술들도 그 효과를 만들어 낼 수 있습니다.

그래서 4차 산업혁명이 시작되었다고 보는 이 시점에 4차 산업혁명에 제대로 대응해 가기 위해서는 4차 산업혁명의 동인이 되는 새로운 기술과 더불어 이러한 기술들을 어떻게 여러 산업들과 결합해서 의미 있는 부가가치를 창출해 갈 것인지를 같이 고민해야 한다고 보는 겁니다.

이 정도로 우리의 4차 산업혁명에 대한 관점을 새로운 기술만이 아닌 궁극적으로 새로운 기술의 각 산업에의 활용을 통한 부가가치의 창출이 함께 중요하다는 점을 확인하고, 이제부터는 먼저 4차 산업혁명을 이끌어 가는 동인인 기술이 어떤 기술인지 살펴보기로 할까요?

4차 산업혁명의 동인이 되고 있는 기술들에 대해서는 다양한 견해와 표현이 사용되고 있고, 따라서 많은 사람들이 4차 산업혁명이 어떤 기술에 의해 주도되는 지에 대해 혼란스러워 하고 있습니다. 앞서 클라우스 슈밥의 4차 산업혁명에 대한 책에서도 살펴보았듯이 설명하는 입장과 위치에 따라 완전히 다른 용어와 내용, 표현들이 사용되고 있습니다. 그리고 이미 출간된 다양한 4차 산업혁명에 대한 책이나 신문 기사, 방송들을 보면 볼수록 그 설명 내용이나 범위가 너무 다양해서 과연 4차 산업혁명을 이끌어 가는 핵심 기술이 과연 무엇인지 이해하기 혼란스럽고, 심지어 어떤 책에서는 "4차 산업혁명은 허구다"라는 주장도 하고 있습니다. 왜 이런 현상이 나타나고 있을까요? 제 생각에는 이제 4차 산업혁명이 막 시작되는 단계에 있고 최근에 쏟아져 나오는 신기술들이 아직 성숙이 되지 않은 상태에서 계속 진화·발전해 가는 단계에 있기 때문에 이러한 혼란이 클 수밖에 없다고 봅니다.

3차 산업혁명에 대한 논의로 한번 되돌아가 볼까요? 앞서 3차 산업혁명의 시작은 1960년대 컴퓨터가 상용화되기 시작한 때로부터 기인한다고 보았는데, 초기에는 컴퓨터가 단독으로 운영되는 수준이었고 그 주변기기들도 그렇게 효율적이지 않았습니다. 하지만 80년대 컴퓨터의 확산과 90년대 PC의 폭발적 보급을 촉진한 것이 네트워크 기술의 발전과 인터넷의 출현이었지요. 이때부터 폭넓게 사용된 용어가 정보화 혁명, 디지털, 인터넷, 전자상거래의 약자로 "e" 등이었습니다. 이때는 물론 3차 산업혁명이라는 용어도 본격적으로 나타나기 전이었습니다. 하지만 후에 많은 사람들이 3차 산업혁명이 본격적으로 시작된 시점을 인터넷의 출현으로 보고 있고 MIT 미디어랩의 소장으로 있는 조이 이토 같은 사람은 인류의 역사를 BI와 AI, 즉 Before Internet과 After Internet이라고 구분할 만큼 인터넷이 인류의 경제, 사회에 미친 영향이 엄청나게 컸고, 그 결과를 3차 산업혁명이라고 부르게 된 것이지요. 하지만 지금 3차 산업혁명의 동인으로 정의되는 것은 인터넷이라는 하나의 신기술이 아닌 디지털 기술이라는 복합 기술로 부르고 있습니다. 이 당시와 비교해 보면 지금 4차 산업혁명이 시작되었다고 선언하고, 그 동인이 되는 핵심 기술을 통칭해서 한 용어를 쓰는 것이 성급한 면이 있는 것도 사실입니다. 하지만 지금 산업 전반에 걸쳐 진행되고 있는 빠른 변화를 보면 뭔가 역사적으로 한 획을 긋고 이에 대응해 나가는 것이 필요하다고 볼 수도 있습니다.

다시 4차 산업혁명을 이끌고 있는 핵심 기술들에 대한 논의로 돌아가 보도록 하겠습니다. 아마 여러분들이 4차 산업혁명과 관련하여 가장 많이 들은 기술은 아마 인공지능일 겁니다. 거의 모든 사람들이 4차 산업혁명의 핵심 기술로 인공지능을 이야기하고 있기 때문이지요. 하지만 인공지능이라는 기술 하나만으로 모든 산업을 변화시켜 나갈 수 있을까요? 실제 그럴 수도 없고, 4차 산업혁명을 설명하고 있는 여러 사람들도 인공지능 외에 수많은 기술들을 열거하며 4차 산업혁명의 핵심 기술이라고 이야기하고 있습니다.

먼저 클라우스 슈밥의 저서 『4차 산업혁명』에 나오는 4차 산업혁명의 주요 기술들을 열거해 보도록 하겠습니다.

유비쿼터스 모바일 인터넷, 작고 저렴하고 강력한 센서, 인공지능과 Machine Learning, 진화된 디지털 기술, Smart Factories,

Industry 4.0, 유전자 염기서열 분석, 나노 기술, 재생 가능 에너지, 퀀텀 컴퓨팅, 자율 주행차를 포함한 드론 트럭 항공기 선박 등의 무인 운송 수단, 3D 프린팅, 첨단 로봇 공학, 자가 치유와 세척이 가능한 소재, 형상 기억 합금, 그래핀, 열 경화성 플라스틱, 압전 세라믹과 수정, IOT, 블록체인, 공유 경제, 유전 공학, 합성 생물학, 바이오 프린팅, 뇌 과학, 체내 삽입형 기기, 인터넷, 스마트폰, 커넥티드 홈, 스마트 시티, 빅 데이터, 로봇 공학, 맞춤형 아기, 신경 기술

이상이 클라우스 슈밥이 열거하고 있는 4차 산업혁명을 드라이브하고 있는 기술들입니다. 새롭게 관심을 끌고 있는 디지털 기술들을 중심으로 여러 분야의 신기술들을 열거하고 있는데 뭔가 산만해 보이지 않나요? 최근에 떠오르고 있는 모든 신기술들을 망라하고 있는 느낌입니다.

클라우스 슈밥의 저서 외에, 최근에 4차 산업혁명이라는 타이틀을 쓰고 있는 책들을 찾아보니 6권 정도가 보여, 이 책들에 언급되고 있는 4차 산업혁명의 주요 기술들을 그대로 열거해 보겠습니다.

- 책 1: 로봇, 인공지능, 인공 감성, 가상현실, 사물 인터넷, 자율 주행차, 드론, O2O와 공유 경제, 핀테크, 디지털 헬스

케어, 바이오 헬스, 스타트업
- 책 2: 로봇, 스마트 공장, 자율 주행차, 디지털 헬스케어, 빅 데이터, 클라우드, 3D 프린터
- 책 3: 로봇, 자율 주행차, 미래 자동차, 스마트 기기, 5G 빅뱅, 사물 인터넷, 스마트 시티, 바이오 산업 , 스마트 헬스케어, 소프트웨어, 신소재, 2차 전지, 3D 프린팅, 원자력 발전
- 책 4: 인공지능, 비트코인과 블록체인, 드론, 소셜미디어, IOT, 빅 데이터
- 책 5: 인공지능이 주도하는 스마트화
- 책 6: 미래 자동차, 드론, 인공지능, ICBM<sup>IOT, Cloud, Big Data, Mobile</sup>, 가상현실, 차세대 실리콘 반도체, 디지털 헬스케어, 스마트 팩토리, 우주산업

일견 인공지능, 자율 주행차 등 공통적인 용어도 보이기는 합니다만 정말 의견들이 다양하지 않습니까? 왜 4차 산업혁명이라는 같은 주제를 가지고, 이렇게 다양한 의견들이 나오고 있을까요?

그 이유는 아직 4차 산업혁명이 성숙 단계나 이미 지나간 역사적 사실이 아니라 도입 초기에 있고, 4차 산업혁명을 바라보는 관점이 각자 자기가 알고 있거나 아니면 바라보는 시선에 따라 다르게 이해되고 있기 때문으로 이해해 볼 수 있지 않을까요? 하지만 4차 산업혁명이 아놀드 토인비가 산업혁명을 정의한 대로

"우리 인류 역사에서 기술혁신과 그에 수반해 일어난 사회, 경제 구조의 변혁, 어떤 기술이 반짝하고 사라지는 것이 아니라 관련 기술들이 연쇄적으로 발전해 경제 및 사회구조를 바꾸는 변혁이 일어나야 산업혁명이라는 용어를 쓸 수 있다"는 의미를 받아들이려면, 우선 이전의 1, 2, 3차 산업혁명과 차별화될 수 있으며, 4차 산업혁명을 특징지을 수 있는 기술 혁신의 핵심의 키워드를 무엇이라고 정의해야 할지, 그리고 핵심 기술과 함께 연쇄적으로 발전해 가는 관련 기술들은 어떤 기술이며 이들 관련 기술들이 핵심 기술과는 어떤 관련이 있는지, 마지막으로 이 기술들이 경제 및 사회 구조에는 어떤 변혁을 일으키고 있는지가 설명되어야 하지 않을까요? 이런 의미에서 보면, 지금까지 살펴본 다양한 4차 산업혁명을 설명하고 있는 책이나 자료들에서는 4차 산업혁명을 특징짓는 핵심 기술이 한 방향성이나 키워드로 잘 정리되어 있다기보다는 각 저자의 관점에 따라 산발적으로 열거되어 있다는 생각이 듭니다.

## 스마트 기술이란?

여기에서 논점을 바꾸어 제가 2010년 이후 6년 동안 IT서비스 회사의 CEO로 재직하는 동안, 또 그 이후에도 지금까지 한국과 글로벌 IT 산업의 변화와 이러한 IT 산업의 변화가 가져올 미래

를 바라보면서 고민하고 정리했던 스마트 기술에 대해 설명해 보
도록 하겠습니다.

## 스마트 기술 1.0

스마트 기술이라는 용어를 처음 사용하기 시작한 것은 2010
년 봄으로 거슬러 올라갑니다.

2010년 CEO에 막 취임하고 가졌던 첫 고민은, 전세계적으로
IT 관련 기술과 이를 둘러싼 산업에 엄청난 변화가 밀어닥치고
있다는 것을 직감적으로 느꼈는데, 이러한 변화를 어떻게 이해하
고 정리하여 고객과 직원들에게 전달할 것인가 였습니다. 이 당
시의 상황을 보면 바로 전 해인 2009년 한국에 아이폰이 상륙하
여 스마트폰의 돌풍이 막 일어나기 시작한 때였고, 클라우드 서
비스가 업계의 화두였습니다. 하지만 저는 이런 단편적인 기술만
이 아닌 더 크고 광범위한 기술의 변화가 밀어닥치고 있다고 보
았고, 이를 직원들과 같이 고민하여 정리해낸 용어가 스마트 기
술이었으며, 그해 7월 스마트 기술이라는 용어를 사용한 "창의적
인재들로 구성된 스마트 기술과 서비스 분야의 글로벌 리더"라는
회사의 새로운 비전 선포를 하며 처음 발표를 하였습니다.

2010년 봄에 정리한 스마트 기술의 정의는 "기술 자체가 스마
트함을 의미하는 것이 아니라 고객과 산업을 '똑똑하게' 만드는데
기여하는 총체적인 기술"이었습니다. 그리고 Sensing, Mobility,

Intelligence, Elasticity, Integration의 5가지 키워드를 보완적으로 사용하여 스마트 기술의 실체에 대한 정의를 좀 더 구체화 하였습니다. 지금 돌이켜 보면 좀 엉성한 면도 있지만 그 당시에는 나름 스마트 기술이라고 하는 용어를 처음 사용하며 이미 보편화되어 통용되고 있었던 디지털 기술과 차별화하기 위한 시도를 하였던 셈이지요.

그 당시 스마트 기술이라는 용어를 처음으로 정의하면서 가졌던 생각을 좀 더 상세히 설명해 보도록 하겠습니다.

스마트 기술이라는 용어를 사용함에 있어 가장 먼저 가졌던 고민은 21세기 들어 다양한 IT의 신기술이 등장하면서 IT 업계는 물론 전 산업에 다양한 변화를 만들어 가고 있는데, 이를 한두 가지의 신기술들이 개별적으로 변화를 이끌어가고 있다고 보기에는 그 기술의 다양성 폭이 너무 넓었습니다. 그리고 이들 신기술 이전에 활용되고 있었던 IT 기술들의 영향도 무시할 수 없는 크기였기 때문에, 기존의 IT 기술과 새롭게 출현하고 있는 IT 기술들을 총체적으로 부를 수 있는 용어가 필요하다고 보았으며, 그 키워드를 "스마트"라고 보았던 것이지요. 스마트라는 용어는 물론 그 당시 가장 사회 전반적으로 임팩트가 컸던 스마트폰의 영향이 있기는 했습니다만, 그 이전에 우리의 모든 일상에 스마트라는 용어가 폭넓게 사용되고 있었고, 앞으로 우리 사회가 IT를 활용해서 더 똑똑해지는 단계로 발전해 가리라는 확신을 가지고 있었기 때문에, 새로운 변화의 키워드로 선정하였습니다. 또 개인적으로는 2009년에 번역 출간한, 1990년대 BPR로 유명했던 제임스 챔피의 "아웃스마트"라는 책을 번역하며 가졌던 스마트라는 용어에 대한 친숙함과 기대가 스마트 기술이라는 용어를 만들어 내게 된 것 같습니다.

많은 고민을 거쳐 기존 IT 기술과 새롭게 등장한 IT 기술들을 총칭할 용어로 스마트 기술이라는 용어는 만들어 냈는데, 그 다음의 고민은 새롭게 등장하고 있는 IT 신기술들을 어떻게 표현할 것인가 였습니다. 여기서 표현이라는 용어를 사용하고 있는 이유는 새롭게 나타나고 있는 기술들이 너무 다양해서 한두 기술로는 전체를 설명하기 어렵겠다는 생각을 했기 때문이었습니다. 그래서 가능하다면 IT 기술의 특정 영역에 대표성을 가질 수 있는 포괄적인 용어를 찾은 결과 다음에 설명하는 5개의 기술 키워드로 정리하였습니다.

첫 번째로는, Sensing 기술인데, 앞으로 수집되어 활용될 데이터가 사람들이 만들어 내는 데이터보다는 다양한 센서에 의해 만들어지는 데이터가 주류가 되고, 센서에 의해 만들어지는 데이터의 양은 이전에 인간들이 만들어 내던 데이터에 비해 양적으로도 비교할 수 없을 정도로 커질 것으로 보았습니다. 그리고 더욱 중요한 것은 센서가 그동안 인간들이 감지하지 못하던 상태까지 감지하여 데이터를 만들어 냄으로써 새로운 IT 기술의 활용을 통해 혁신을 이루고자 하는 산업들을 더욱 똑똑하게 만들어 갈 수 있는 기반을 만들 것으로 보아, 스마트 기술의 핵심 기술의 하나로 센싱 기술을 선정했습니다. 물론 센싱 기술에는 다양한 영역에서 활용되는 센서와 센서로부터 데이터를 수집하는 네트워크 기술 그리고 수집된 방대한 데이터를 처리하는 데이터 처리 기술이 포함되는 것으로 보았습니다. 여기까지 설명을 들어 보면, 이 기술들은 IOT와 빅 데이터 기술을 의미하는 것 아닌가 하는 생각이 드는 분들도 있을 텐데, 물론 맞는 생각입니다. 하지만 시기적으로 보면, 이 당시 2010년에는 IOT와 빅 데이터 기술이 업계의 화두가 되기 전이었습니다.

두 번째로는, Mobility 기술인데, 이는 스마트폰으로 촉발된 모바일 빅뱅을 대표하는 표현으로 사용하였습니다. 물론 스마트폰 이전에도 무선기기를 통한 인터넷의 활용과 피쳐폰이라는 이름으로 스마트폰과 구분하고 있는 이동전화기가 있어, 이동하면서 데이터를 발생시키고 인터넷 연결을 통한 데이터의 활용이 가능했었습니다만, 스마트폰의 출현으로 모든 사람들이 손에 고성능 컴퓨터를 들고 다니며 앱이라고 불리는 다양한 응용서비스를 활용할 수 있게 됨으로써 데이터의 발생과 활용 그리고 이러한 데이터를 발생시키고 활용하기 편하도록 하는 서비스들이 그 이전과는 전혀 다른 패러다임을 만들어 내게 되었습니다. 특히나 스마트폰의 출현 이후 다양한 SNS 서비스가 등장하며 폭발적으로 사용자가 증가함으로써 음성보다는 개인간의 데이터 교환 특히 사진, 동영상 등 큰 데이터의 전송과 보관을 필요로 하는 네트워크 기술과 관련 서비스가 빠른 속도로 발전하기 시작하는 큰 변화가 시작되었습니다.

세 번째로는, Intelligence 기술인데, 스마트 기술의 핵심적인 의미를 갖는 기술로 볼 수 있으며, 인류가 IT를 활용하는 주 목적에 해당되는 기술이지요. Intelligence라 함은 말 그대로 단순한 Information을 전달하고 제공하는 수준이 아닌 data를 분석하여 좀 더 똑똑한 정보를 만들어 내는 기술로, 기존의 ERP를 포함한 레거시 시스템에서 만들어지는 데이터를 포함해서 센서들이 만들어 내는 다량의 데이터, SNS를 통해 생성되는 대량의 화상, 동영상 데이터들을 활용하기 위해 도입된 고급 분석 기술과 이러한 대용량 데이터의 고급 분석을 가능하게 하는 기술들을 의미합니다. 이 기술이 지금은 빅 데이터와 인공지능 기술로 표현되고 있습니다만, 이 당시는 빅 데이터라는 용어보다는 Advanced Analytics라는 용어가 더 많이 쓰였고, 인공지능 기술은 신기술로 부각되기 이전입니다.

네 번째로는, Elasticity라고 표현했던 기술인데, 사용자들이 수요가 증가하고 있는 IT자원을 유연하게 활용할 수 있는 인프라 환경을 만드는 기술을 표현하기 위한 용어로 사용했고, Cloud 기술을 염두에 두고 만들어진 용어입니다. 이미 21세기 들어 상당

기간 기업들이 IT 자원을 구매해서 사용하지 않고 필요한 만큼만 수시로 빌려서 쓸 수 있는 유연한 환경을 여러 IT 벤더들이 제공을 하고 있었습니다만, 모바일 빅뱅으로 인해 개인들이 아무 곳에서나 데이터들을 만들어 저장하고 또 가공된 정보들을 받아볼 수 있는 환경에 대한 수요가 커지면서 개인들이 IT자원 활용을 쉽게 할 수 있는 클라우드 비즈니스로 확대되었습니다.

다섯 번째로는, Integration인데, 기술을 정의했다기보다는 스마트 기술이 앞으로 어떻게 진화 발전해 갈 것인가의 방향성에 대한 특징을 정의한 용어입니다. 스마트 기술이 한 시점에 정의된 개념으로 고정된 개념이 아니라 시간과 더불어 계속 진화·발전해 갈 것으로 보았으며, 그 진화 과정에 있어 각 기술 단독으로 발전해 가기보다는 다른 기술들과 결합하여 새로운 기술 패러다임을 만들어 내거나, 개별 혹은 결합된 기술들이 다양한 산업들과 결합되어 각 산업의 도메인 날리지가 결합된 새로운 기술 영역을 만들어 가며 진화해 갈 것으로 보았던 것이지요. 그래서 새롭게 나타날 기술 또는 산업의 분야로 스마트 팩토리, 스마트 헬스케어, 스마트 유통, 스마트 교통, 스마트 시티 들을 예로서 설명하였습니다.

이상이 2010년 봄에 스마트 기술이라는 새로운 용어를 만들어 내며 정리해 간 생각들입니다. 지금 되새겨 보면 개념적으로 불완전 하거나 그 이후에 일어난 기술의 발전을 제대로 반영하지 못했던 점도 있지만, 그 당시 새로 출현하는 기술들을 개별적으로 보지 않고 스마트 기술이라고 하는 새로운 용어를 만들어 전체적인 관점에서 묶어보려고 했던 시도는 지금 보더라도 큰 흐름에서는 나름 의미가 있었던 정리였다고 생각합니다.

당시 급부상하던 일부 신기술에 매몰되지 않고 폭넓게 여러 기술들을 빠뜨리지 않고 담아내려고 노력하였고, 새로운 기술들의 발전이 개별 기술 단위 별로 이루어지기보다는 서로 결합되거나 여러 산업들과 결합되어 진화해 갈 것으로 보았으며, 21세기 들어서 빠르게 산업계에 영향을 미치며 변화를 만들어 가는 기술군을 "스마트 기술"이라는 하나의 용어로 집약, 표현하려고 시도했던 점은 지금도 유효한 것으로 생각됩니다.

### 스마트 기술 2.0

그런데 여러분들도 알고 계시듯이 2010년 이후 3~4년 사이에 빅 데이터, IOT 등 새로운 IT 기술과 용어들이 쏟아져 나오며 시장에 충격을 주게 되어 많은 사람들이 새로운 기술에 대한 대응과 활용 방안을 고민하게 되었고, 이에 고객들에게 혼동 없이 적절한 방향성을 제시하기 위해서 2010년에 처음 시도했던 스마트 기술에 대한 정의에 대해 재해석과 재정의가 필요하다고 판단했습니다. 그래서 2014년 4월 열린 엔트루 월드에서 스마트 기술 2.0을 발표하며 스마트 기술 1.0을 베이스로 하여 큰 개념은 그대로 사용하되, 새롭게 나타나서 보편화 되기 시작한 용어들로 재정의하였습니다. 참고로 엔트루 월드는 엔트루라는 브랜드를 가진 LGCNS의 컨설팅 조직이 10년 이상 매년 개최해 오던 IT 산업의 국내 최대 컨퍼런스로서 매번 1500명 이상의 청중이 모이는 행사입니다.

스마트 기술 2.0의 정의는 1.0의 정의보다는 좀 더 구체적으로 표현하되, 진화와 융합이라는 용어를 사용하여 지속적으로 변화·발전하는 기술과 부가가치 창출이라는 의미를 강조하였습니다. 이런 의도를 가지고 만들어진 스마트 기술 2.0의 정의는 "기존 IT와 새롭게 등장한 요소 기술들이 결합과 변화를 거듭하면서 진화한 기술 조합을 형성하고, 다양한 산업과 융합되어 새로운 부가가치를 창출하면서 지속적으로 발전해 나가는 기술"로 하고, Smart Device, Advanced Network, Big Data Analytics, Cloud Computing, Convergence의 다섯 가지 기술과 개념을 스마트 기술 2.0의 정의를 보완하는 용어로 사용하였습니다.

2.0의 정의에 있어 1.0과의 차이점은 1.0에서 고객과 산업을 똑똑하게 만드는 기술에 초점이 있었다면, 2.0에서는 새롭게 등장한 IT 기술들이 서로 혹은 산업과 융합해서 진화·발전해 나가는 기술로, 새로 등장한 기술의 융합과 진화라는 점에 초점을 둔 것이지요. 그리고 단지 새로운 기술로서의 존재만이 아니라 다양한 산업과 융합되어 부가가치를 창출하는 기술이라야 의미가 있다고

보았습니다. 그리고 요소 기술에 있어서도 1.0에서 추상적으로 기술들을 표현했던 것에 비해 2.0에서는 새롭게 등장한 기술 용어들을 가급적 그대로 사용하여 이해가 쉽도록 하였습니다.

그러면 스마트 기술 2.0에서 새롭게 정의된 다섯 가지 기술과 개념에 대해 새롭게 정의되게 된 배경과 내용을 살펴보도록 하겠습니다.

첫 번째는, Smart Device입니다. 1.0에서는 다양한 센서들이 많은 데이터를 만들어 내면서 IT의 새로운 활용이 증가할 것으로 보았는데, 3~4년 사이에 스마트폰이 예상보다 빠르게 보급되면서 모바일 빅뱅이 더 큰 임팩트를 만들어 내었습니다. 단순히 스마트폰의 사용자만이 증가한 것이 아니라 무선 네트워크 기술도 3G에서 4G로 바뀌면서 속도는 20배 빨라졌음에도 오히려 비용은 150분의 1로 줄어들게 되어, 스마트폰을 통한 데이터의 활용에 그동안 염려되어 왔던 속도와 비용의 제약이 거의 없어지는 수준에 도달하였습니다. 또한 센서의 소형화와 집적 기술이 향상되어 2010년에 스마트폰에 탑재된 센서가 조도, 가속도, 근접, 자기 센서의 4개에 불과했습니다만, 2013년에는 지문 인식, 자이로, 모션, GPS 등이 추가되어 8개로 증가하였고 이후로도 다양한 센서가 스마트폰에 탑재되어 스마트폰을 통해 발생한 다량의 모바일 데이터 축적이 가능하게 되었습니다.

이렇게 무선 네트워크 기술과 더불어 발전한 센서 등의 디바이스들이 폭발적으로 증가하면서 그 활용 분야도 스마트 시계, 스마트 안경, 당뇨 체크를 위한 스마트 렌즈, 심장 기능 체크를 위한 스마트 패치 등의 Wearable Device뿐만이 아니라 가전기기가 인터넷과 스마트폰에 의해 제어되고 모니터링되는 스마트 가전, 차량간 communication을 위한 V2V$^{\text{vehicle to vehicle}}$ 기술이 적용된 스마트 카 등의 일반 소비자를 위한 기기와 자동화 로봇이 카메라로 바닥을 인식하며 최적 경로를 따라 이동하는 아마존 자동 창고에 도입된 Kiva와 같은 스마트 로봇, 스마트 가로등, 스마트 미터 등의 산업용 기기까지 네트워크로 연결된 Device들이 폭증하면서 그동안 획득하기 힘들었던 분야의 데이터의 축적과 이로 인한 새로운 응용분야가 확대되는 커다란 변혁이 일어나게 되었습니다.

이렇듯이 1.0에서 보았던 센서 기술에서 범위를 확대하여 2.0에서는 스마트 디바이스로 용어를 바꾸고 그 정의를 "센서와 네트워크 기술의 발전으로 새롭게 연결되어 실질적인 가치를 제공하는 디바이스"로 바꾸었습니다.

두 번째는, Advanced Network입니다. 1.0에서는 단지 스마트폰의 도입에 따른 모바일 네트워크 기술의 발전에만 초점을 두고 Mobility라는 용어를 사용하였습니다만, 그 이후 몇 년 사이에 유무선 네트워크 기술의 발전과 더불어 네트워크 연결이 폭발적으로 증가하는 현상이 나타났습니다. 기존에 가지고 있던 네트워크 연결이라는 개념은 개별 사용자가 인터넷을 통해 통신사와 연결하는 것을 의미하는 것으로서 통신사와 연결된 회선 수와 총 연결의 수가 일치하였습니다. 하지만 2010년 이후 3~4년 사이에 유선 인터넷이 10Mbps 수준의 브로드밴드에서 1Gbps 수준의 기가 인터넷으로 속도가 100배 이상 빨라졌고, 무선 인터넷 속도도 3G에서 4G로 업그레이드되며 20배 이상 빨라짐으로써 네트워크에서 대량의 데이터를 사용하는 데에 대한 제약이 거의 없어지는 단계에 이르렀습니다.

이러한 네트워크의 제약이 사라지는 현상과 더불어 발전하기 시작한 것이 근거리 무선 기술입니다. Super Wi−Fi, Bluetooth 4.0, Zigbee 등의 근거리 무선 통신 기술이 발달하면서 사용자와 통신사 간의 1대1 연결만이 아닌, 사용자 디바이스 간의 2차 연결이 보편화 되어, 회선 수에 제약되던 연결의 수가 제약이 풀림으로써 초연결Hyperconnectivity이라고 하는 새로운 현상이 가능해진 시대가 열리게 되었습니다. 이러한 초연결은 이 후 다양한 산업에 도입되어 각 산업의 근본적 혁신과 인류의 삶의 모습을 바꾸어 간, IOTInternet of Thing 발전의 기폭제가 되었지요. 이상과 같은 변화를 반영하여, Mobility라는 용어를 Advanced Network로 바꾸고 그 정의는 "네트워크 연결의 기반이 되는 초고속 원거리 유/무선 기술과 연결의 양을 폭증 시켜갈 다양한 근거리 무선 기술"로 하였습니다.

세 번째는, Big Data Analytics입니다. 1.0에서는 고급 분석과 같은 분석 기술의 발전으로 IT의 활용 효과를 높이는 기술을 Intelligence로 표현했습니다만, 2010년 후반부터 Big Data 기술이 급부상함으로써 데이터 분석 영역에도 큰 변화가 나타나기 시작했습니다. 다양한 스마트 디바이스와 2차 연결에 의한 데이터 폭증으로 그동안 수집되기 어려웠던 데이터가 축적되기 시작했고, SNS 서비스를 통한 화상, 동영상과 같은 비정형 데이터가 널리 유통됨으로써 IT 기기에 저장되어야 할 데이터가 단기간에 엄청나게 증가하였으며, 이렇게 증가한 엄청난 양의 데이터를 효율적으로 처리할 수 있는 기술을 총칭해서 Big Data라고 부르게 되었습니다. 이 시기에 빅 데이터라는 기술이 출현하도록 만든 데이터 총량의 증가를 보여주는 비교로, 2012년 1년에 만들어진 데이터의 양이 2011년까지 인류가 만들어 왔던 데이터의 양과 거의 같은 규모이고, 2013년에는 2012년 이전에 만들어진 데이터보다 훨씬 많은 양의 데이터가 만들어졌다고 하니 데이터 양의 증가 속도가 얼마나 빠른지 짐작이 갑니다.

이러한 데이터 양의 증가와 이들 데이터의 의미 있는 활용을 가능하게 한 기술도 같은 시기에 출현했는데, 대용량 데이터를 싼 값에 저장이 가능하게 한 Hadoop Distributed File System, Google File System과 싼 값에 대용량 데이터 처리를 가능하게 한 In-Memory Computing, NoSQL 등이 대표적인 기술이지요.

이렇게 싼 값에 저장과 처리를 가능하게 한 인프라 기술과 더불어 R과 같이 고급 분석이 가능하게 한 Open Source Software 기술이 널리 확산되면서 검색, 쿼리 기반의 후행적 분석에서 예측 모델 기반 실시간 분석과 패턴 인식이 가능한 선행 분석이 가능한 시대를 열게 되었습니다. 또한 이러한 고급 분석을 활용해서 기업들은 전략적 판단을 위한 통찰력 도출이 가능하게 되었고, 비용 절감과 고객 인사이트 기반의 새로운 사업 발굴이 가능해졌으며, 실시간 분석으로 선제적인 대응 방안 제공이 가능해졌습니다.

이렇듯 효율적이며 싸게 변해간 Big Data 기술을 활용해서 그동안 해결이 어려웠던 진단의 정확도를 올리는 의료 서비스가 출현했으며, 범죄 유형과 위치 시간 등을 예상하여 범죄 예상지역에 미리 출동하여 범죄를 줄이는 범죄 예방 시스템과 같은 공공 서비스 영역에서 새로운 부가가치를 만들어 내는 사례가 만들어지기 시작했습니다.

이상과 같은 Big Data 기술과 고급 분석 기술을 결합하여 Big Data Analytics로 표현하고 이를 "다양하고 거대한 데이터 속에서 의미를 찾아 빠르게 현상을 이해하고 예측과 인사이트를 제공하는 새로운 분석 패러다임"으로 정의하였습니다.

네 번째는, Cloud Computing입니다. 1.0에서는 Elasticity라는 용어로 IT 자원의 유연하고 편한 활용을 뜻하는 Cloud Computing을 간접적으로 표현하였습니다만, 2.0에서는 많이 알려진 Cloud

Computing이라는 용어는 그대로 사용하되, 그 개념의 범위를 단순히 IT인프라 자원의 편한 이용에 국한하지 않고, 다양한 IT서비스를 편하게 쓸 수 있게 하는 서비스 Backbone의 Cloud화까지 확대하였습니다.

원래 Cloud Computing이라는 용어가 출현하게 된 배경은 Storage나 서버 등을 단순 판매하고 구매하는 사업 모델에서 오는 판매자와 구매자의 불편함을 해소하기 위해서는 일괄 구매가 아닌 사용 베이스의 구매로 사업 모델을 바꾸는 것이 서로에게 유익하다는 가정에서 만들어진 IT인프라의 Cloud화가 사업 모델의 초점이었습니다. 하지만 이러한 개념이 스마트 디바이스의 활용을 높이는 과정에서 생겨난 응용 서비스의 증가와 서비스 내용의 고도화를 실현하기 위해 디바이스에는 필요 최소한의 기능만 두고, 나머지 주요 기능은 후방의 클라우드 센터에서 이루어지게 하는 구조로 서비스 아키텍쳐가 바뀌면서 Cloud의 개념이 응용 서비스의 Cloud화로 확장되며 그 영역과 서비스가 급격히 확장되었고, 응용 서비스를 Cloud로 만들어 간 영역이 오히려 Cloud의 더 큰 의미로 바뀌었습니다. 이러한 변화로 디바이스의 저장 용량 한계와 디바이스의 시공간 제약을 극복하고 사용자와 서비스를 네트워크를 통해 손쉽게 연결해 주는 다양한 서비스들을 여러분들은 이미 많이 사용하고 있습니다.

다양한 검색 서비스, 증강현실과 결합하여 경로 안내를 해주는 내비게이션 서비스, 카드회사에서 특정 위치에 따른 맞춤형 쿠폰을 추천해 주는 위치 기반 추천 서비스, 경쟁사와 가격을 실시간으로 비교하여 가격을 실시간으로 반영할 수 있는 전자 라벨, 번역 및 통역 서비스 등 이미 우리 안에 깊숙이 들어와 있는 다양한 서비스들이 Cloud 서비스 형태로 제공되고 있고, 이러한 Cloud 서비스는 전송 속도가 더욱 빨라지는 5G가 등장하게 되면 더욱 고도의 서비스로 진화하게 될 것입니다.

이러한 기술 변화를 Cloud Computing이라고 표현하고 그 정의를 "디바이스의 기능적 한계를 극복하고 서비스 간 연결을 통해 새로운 가치를 만들어 내는, 서비스 Backbone으로서의 Cloud Computing"으로 하였습니다.

다섯 번째는, Convergence입니다. 1.0에서는 Integration이라는 용어로 기술과 기술, 기술과 산업이 서로 통합되어 가는 트렌드를 설명하였습니다만, 2.0에서는 Convergence라는 용어를 사용하여 이러한 통합이 더욱 확대되고 강화되어 갈 것으로 보았습니다.

우선 스마트 기술 안에서도 서로 융합되고 있는 사례로 IOT를 예로 들 수 있는데, 엔트루 월드에서 발표한 IOT의 정의로는 "센서가 탑재된 다양한 디바이스들을 통해 의미 있는 센싱 정보들이 지속적으로 수집되고, 직/간접으로 연결된 유/무선 네트워크를 통해 빠르고 안정적으로 정보들이 송/수신되어 Cloud

Computing 환경 및 Big Data 분석을 통해 지능화된 지능형 서비스가 제공되는 것"으로 하였듯이 Smart Device, Advanced Network, Cloud Computing, Big Data Analytics 등 다양한 영역의 신기술들이 융합하여 IOT라고 하는 영역의 기술을 만들어 가는 것으로 보았고, 이렇게 융합된 기술' 역시 스마트 기술로 보았습니다. Convergence를 이러한 새로 출현한 기술 간에 융합된 기술만이 아니라 기존 IT 기술과 새로운 기술 요소, 그리고 자동차, 의료, 치안, 금융, 도시관리, 제조, 쇼핑, 교통 등 다양한 산업의 업에 대한 통찰력이 결합되어 혁신을 통한 가치 창조를 해가는 융합 기술까지도 스마트 기술의 한 요소로 보았습니다.

이렇듯이 기술과 기술, 기술과 산업이 융합되어 만들어 가는 기술을 Convergence라는 용어로 표현하였고 그 정의를 "산업에 대한 통찰력을 기반으로 산업과 기술을 결합하여 혁신을 통한 가치를 창출해 내는 것"으로 하였습니다.

이상으로 2010년에 정의한 스마트 기술 1.0과 2014년에 재정의한 스마트 기술 2.0에 대해 주요 골자를 중심으로 설명을 드렸습니다. 둘을 비교해 보면, 기본적인 기술 영역은 그대로 사용하였지만 약 4년간의 기술 변화를 반영하여 새롭게 정의한 스마트 기술의 내용에 많은 변화가 있음을 볼 수 있습니다. 그만큼 짧은 시간 안에 기술 변화가 각 영역에서 빠르게 일어났기 때문에 불과 몇 년 전에 썼던 용어들이 진부해지고 새로운 기술들을 제대로 설명하기 어려운 현상들이 나타난 것이지요. 하지만 1.0과 2.0으로 진화·발전한 스마트 기술 정의에, 데이터를 폭증시키는데 기여한 디바이스 기술의 확장, 스마트폰이 촉발시킨 모바일 빅뱅과 2차 연결의 확대 및 유무선 네트워크 기술의 진전, Big Data를 포함한 고급 분석 기술의 발전에 의한 지능화의 진전, 인프라 기술만이 아닌 서비스까지 확장된 Cloud Computing 기술, 그리고 새로운 기술과 각 산업의 융합에 의한 새로운 부가가치 창조라는 스마트 기술에 대한 기본 개념과 이해는 그대로 유지되고 있습니다.

다시 정리해 보면 새로운 IT 기술들이 출현해서 발전해 가고, 이러한 기술들의 융합 그리고 각 산업과의 융합에 의해 새로운 혁신과 부가가치를 창출하며 진화·발전해 가는 기술을 스마트 기술로 본 것이지요.

## 스마트 기술 3.0

이러한 스마트 기술의 진화는 2014년으로 끝나지 않았습니다. 특히 빅 데이터 기술을 기반으로 한 인공지능 기술 영역에서 빠른 변화와 발전이 일어나기 시작했지요. 21세기 들어 개발된 Machine Learning이라는 인공지능 분야의 알고리즘이 Deep Learning으로 발전하였고, 2014년 구글이 영국의 인공지능 스타트업이었던 딥마인드라는 회사를 인수하며 인공지능 영역에서 기술의 발전 속도에 가속도가 붙기 시작하였습니다. 더 나아가 2016년에 발표된 클라우스 슈밥의 『4차 산업혁명』에서 인공지능이 4차 산업혁명의 핵심 기술의 하나로 등장하였고, 이어진 구글이 개발한 알파고와 이세돌의 바둑 시합이 전세계적으로 인공지능에 대한 새로운 신드롬을 만들어 내며 4차 산업혁명이 더불어 큰 화두로 등장하게 되었습니다.

하지만 인공지능 기술도 1960년대부터 출현해서 부침을 거듭하며 진화하다가 알파고의 등장을 즈음해서 Big Data 분석이 발전시킨 대용량 데이터의 처리 기술과 딥러닝이라는 새로운 알고리즘이 결합하여 지능화 역량을 비약적으로 향상시켜 새로운 기술의 화두가 된 것이지요. 인공지능이 이렇게 많은 사람들의 관심을 받고 다양한 산업에서의 활용이 확대되고 있는 것도 불과 2년 남짓한 기간입니다.

여기에서 관점을 약간 바꾸어, 이번 글을 준비하며 4차 산업혁명과 관련된 Keyword 연관어 분석을 한 결과를 보도록 하겠습니다. 그 결과는 아래 그림과 같습니다.

아래 그림을 보면 인공지능이라는 용어가 가장 많이 언급되는 것으로 나오고 그 다음에 사물인터넷, 빅 데이터, 자율주행차 등이 보이고 이들을 통합 하는 용어로 초지능화, 초연결, 융합이 특징적으로 나타나고 있습니다. 저는 여기에서 물론 약간의 비약이 있을 수 있겠습니다만, 4차 산업혁명의 동인이 되는 기술을 인공지능,

## 4차 산업혁명 Keyword

클라우스슈밥 자율주행차 문재인 기업들 독일 안철수
드론 다보스포럼 빅데이터 대량생산 증기기관
보고서
## ICT인공지능 대한민국 전문v7자동화
중소기업 토론회 산업
일자리 사물인터넷
세계경제포럼

뉴스기사 속의 '4차 산업혁명' 연관어[1]

ICT IoT 인공지능 경쟁력 자동화 알파고
정보통신기술 드론
독일 대한민국 일자리 사물인터넷 선제적 신기술
대전시 대선주자들 전문가들 빅데이터 제조업 문재인
안철수 토론회 세계경제포럼 기업들 국민의당
문재인 더불어민주당

'4차 산업혁명' 연관어 분석 결과[2]

1) 한국일보 (http://www.hankookilbo.com/v/53l19168a69d4ee4a8600a61b20d6d6e)
2) 한국언론진흥재단(http://www.yonhapnews.co.kr/bulletin/2017/06/12/0200000000AKR20170612153500033.HTML)

사물 인터넷, 자율주행차 등 개별 기술 별로 인식할 것이 아니라
스마트 기술 1.0, 2.0과 같이 스마트 기술로 총칭을 하고 스마트
기술 안에서 이들 기술들을 이해하고 발전시키며 연관성을 찾아내
어 각 산업들과 융합하여 새로운 부가가치를 만들어 가는 것으로
4차 산업혁명을 포괄적으로 이해하는 것이 4차 산업혁명을 좀 더
효율적으로 접근하는 방법이 아닐까라는 제안을 하고자 합니다.

그래서 스마트 기술의 정의를 기존 1.0, 2.0의 기본 사상과 2.0
정의 이후 급속히 부각된 신기술들을 반영하여 스마트 기술 3.0으
로 새롭게 정의하고 이를 4차 산업혁명의 동인으로 이해하는 것
으로 4차 산업혁명과 스마트 기술의 관계를 설명하고자 합니다.

스마트 기술 3.0에 대한 정의는 이전의 스마트 기술 정의와는 구성을 약간 변형하였는데, Computing, Cloud, Big Data 기술을 스마트 기술의 디지털 기반 기술로 보고, 앞서 연관어 분석에 나왔던 초연결 기술에는 Connected Smart Device, Network, IOT, Block chain을, 초지능화 기술에는 AI를 그리고 여러 기술이 융합된 융합 기술로 자율주행, Robot, AR/VR, 3D 프린팅 등을 그리고 이러한 스마트 기술들이 각 산업과 융합되어 만들어 가는 스마트 산업 기술의 5개 영역으로 구성하였습니다. 그리고 스마트 산업에는 앞으로도 더 다양한 스마트 산업이 출현하겠지만, 예시적으로 스마트 헬스케어, 스마트 제조, 스마트 농업, 스마트 유통, 스마트 교통, 스마트 금융, 스마트 물류, 스마트 시티 등을 그 사례로 제시하여 보았습니다.

　　이러한 스마트 기술의 구성을 반영한 스마트 기술 3.0의 정의는 "기존 IT 요소 기술 및 인공지능의 초지능, IOT 등의 초연결 기술들의 급격한 발전과 기술의 융합으로 자율주행, 로봇, 3D

**스마트 기술의 진화**

Smart Technology 3.0

2018
기존 IT요소 기술 및 인공지능의 초지능,
IOT등의 초연결 기술들의 급격한 발전과
기술의 융합으로 자율주행, 로봇, 3D
프린팅 같은 새로운 응용결합 기술들이
발전하고 이들 기술들이 각 산업과
융합하여 스마트 산업을 만들어가는 기술

Smart Technology 2.0

2014.04
기존 IT와 새롭게 등장한 기술 요소들이
결합과 변화를 거듭하면서 진화한
기술조합을 형성하고, 다양한 산업과
융합되어 새로운 부가가치를 창출하면서
지속적으로 발전해나가는 기술

Smart Technology 1.0

2010.04
기술자체가 스마트함을 의미하는 것이
아니라, 고객과 산업을 "똑똑하게"
만드는데 기여하는 총체적인 기술임

**스마트 기술 3.0**

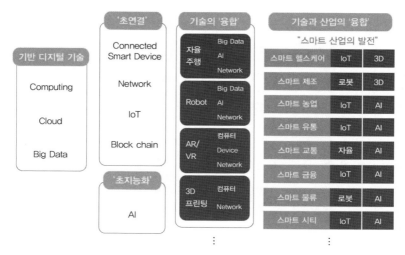

프린팅과 같은 새로운 응용 결합 기술들이 발전하고 이들 기술들이 각 산업과 융합하여 스마트 산업을 만들어 가는 기술"로 하여 스마트 기술의 진화된 모습을 정의하였습니다.

그리고 스마트 기술 3.0을 펼쳐 그려낸 그림이 위의 그림이며 이 다음 장에서는 4차 산업혁명의 동인이 되는 스마트 기술들을 이 그림에서 보여주고 있는 순서대로 좀 더 상세한 설명을 하도록 하겠습니다.

스마트 기술에 대한 개별적인 상세한 설명은 다음 장에서 하도록 하고 여기서는 스마트 기술을 이용해서 4차 산업혁명을 어떻게 이해해야 할지 설명해 보도록 하겠습니다.

4차 산업혁명을 이해하려면 먼저 뿌리가 유사한 3차 산업혁명에 대한 이해부터 다시 확인해 보는 것이 좋겠지요. 앞서 설명 되었듯이 3차 산업혁명은 컴퓨터 기술이 도입된 1960년대부터 시작된 것으로 보고 있고, 이어진 컴퓨터 관련 기술의 발전과 90년대의 인터넷 도입으로 연결성이 확대 되면서 영향력이 커진 디지털 기술이 각 산업에 활용되어 생산성 향상과 부가가치를 창출해 간 정보화 혁명을 3차 산업혁명으로 이해해 보았습니다. 시기적으로 4차 산업혁명과 구분하기 위해서는 21세기 초까지 진행된 것으로 볼 수 있겠지요.

그러면 3차 산업혁명과 4차 산업혁명은 어떻게 구분해 볼 수 있을까요? 앞서 설명된 자료에 의하면 클라우스 슈밥은 3차 산업혁명은 "디지털 기술"이 만들어낸 것으로 설명하였고, 그리고 4차 산업혁명은 인공지능, IOT 등의 "진화된 디지털 기술"이 핵심 기술이고, 이외에도 물리학, 생물학 기술이 디지털 기술과 융합되어 만들어진 새로운 기술들이 4차 산업혁명을 만들어 가고 있다고 보았습니다.

저는 클라우스 슈밥의 "진화된 디지털 기술"이라는 표현 대신, 21세기 초에 인공지능을 필두로 새로운 디지털 기술이 빠르게 영향력을 확대하며 초지능, 초연결, 융합을 키워드로 하는 스마트 기술로 진화·발전하였으며, 이렇듯 계속 진화·발전하는 스마트 기술이 여러 산업들과 융합하여 새로운 부가가치를 만들고,

## 4차 산업혁명 시대 산업

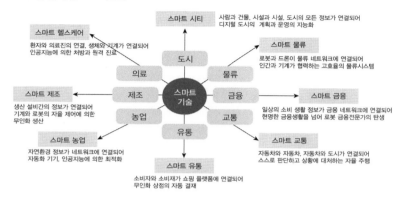

산업 간의 영역을 허무는 새로운 사업 모델을 만드는 혁신을 이루어 가는 산업혁명을 4차 산업혁명이라고 정의하고자 합니다.

이렇게 정의해 보면 3차 산업혁명과 4차 산업혁명은 디지털 기술이라는 뿌리는 같은 것으로 볼 수 있어 3차 산업혁명과 4차 산업혁명의 구분이 굳이 필요한지에 대해 의문이 있을 수도 있습니다만, 최근에 빠르게 일어나고 있는 산업 전반적인 변화의 흐름을 보았을 때는 명칭에 대한 논쟁보다는 최근의 급격한 산업 전반적인 변화를 디지털 기술이 진화하여 새롭게 정의된 스마트 기술이 주도하는 4차 산업혁명으로 이해하고 이에 대응해 가는 것이 글로벌 경쟁에서 뒤처지지 않고 국가와 산업 그리고 기업의 경쟁력을 키워가는 현명한 방법이라고 봅니다.

**스마트 세상을 위한 진화**

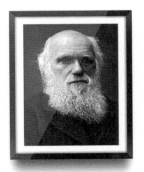 

# Charles Robert **Darwin**
### 1809 ~ 1882

# CHAPTER 3

# 스마트 기술의
# 상세소개

# 03 Chapter

# 스마트 기술의 상세소개

4차 산업혁명은 앞서 살펴보았듯이 단순한 기술의 발전을 초월하여 여러 산업과 기술들이 융합을 하며 사회전반에 혁신을 유발하고 광범위한 변화를 초래할 전망입니다. 이러한 4차 산업혁명을 이끄는 스마트 기술에는 기반 디지털 기술, 초연결 기술, 초지능 기술과 융합 기술로 분류해 볼 수 있습니다.

## 기반 디지털 기술

첫 번째로 기반 디지털 기술에는 컴퓨팅, 클라우드, 빅 데이터 등의 기술이 있으며 그 각각의 기술들을 먼저 살펴보기로 하겠습니다.

**스마트 기술 3.0**

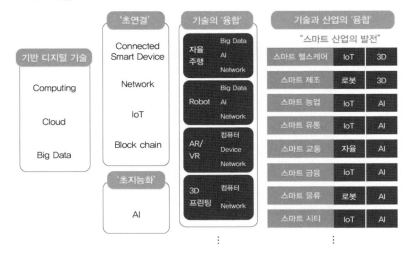

## 컴퓨팅

컴퓨팅 기술은 인간이 하던 논리적인 생각을 기계를 통해 수행하는 기술이지요. 초기에는 단순히 숫자 계산을 대신하던 능력이 후에는 논리적인 추론까지 대신하는 수준까지 향상되어 인공지능 수준으로 발전해 가는 기술의 가장 기초가 되는 기술이 컴퓨팅 기술입니다. 이미 여러분들도 손 안에 스마트폰이라는 고성능의 컴퓨터를 가지고 있는 시대가 되어 컴퓨팅 기술이 우리의 일상생활 속에 이미 깊숙하게 들어와 있습니다. 하지만 컴퓨팅 기술의 발전 역사를 보면 초기에는 기계식 기술로 출발해서 그 성능에 한계가 많았고 디지털 기술로 바뀐 후에도 일반인들이 사용하기에는 비용 대비 효과가 크지 않아 제한적인 용도로만 사용되었습니다만 최근에는 이러한 컴퓨팅 기술이 비약적으로 발전하여 거의 사용에 제약이 없는 시대가 되었고 이러한 컴퓨팅 기술의 발전이 3차 산업혁명과 4차 산업혁명을 유발한 디지털 기술과 스마트 기술의 가장 기본이 되는 기술입니다.

컴퓨팅 파워는 컴퓨터의 성능을 뜻하는 용어입니다. 이러한 Computing Power가 지속적으로 발전해 온 것을 크게 주목할 만한 컴퓨터 기술의 출현과 연결시켜 보면 1900년도 즈음에는 Analytical engine 컴퓨터로 논리 연산을 해결할 수 있었습니다. 즉, 기계식 컴퓨터로 계산을 수행하던 기술 수준이었지요. 이후 기계식 컴퓨터의 기술이 꾸준히 향상되어 가다가 1940년도에 발명된 Colossus는 1,500개의 진공관이 있는 컴퓨터로 이때부터 기계식에서 전기를 응용한 컴퓨터로 바뀌었으며 이 기술은 2차 대전에 국방에 사용되어 암호 해독, 병참 등 여러 분야에서 도움을 줬습니다. 이어 트랜지스터가 진공관을 대체하여 컴퓨터의 크기와 성능에 비약적인 혁신을 가져왔으며 이어진 집적회로, 즉 반도체 기술의 출현으로 컴퓨팅 기술의 향상 속도가 더욱 가팔라지게 되었고, 1960년도에는 Univac 1이라는 상용 컴퓨터가 처음으로 출현하여 일반 민간 영역에서도 컴퓨터를 활용하는 시대가 되었습니다. 주로 기업의 전산실에서만 제한적으로 사용되던 컴퓨터가 1980년도에는 Apple 2라고 하는 개인용 컴퓨터가 출현함

## Evolution of Computer Power

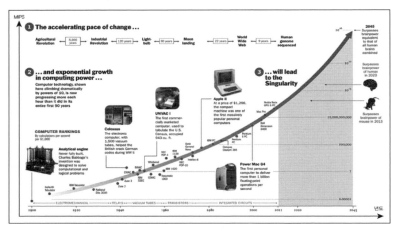

출처: http://content.time.com/time/interactive/0,31813,2048601,00.html (TIME, 2016)
* MIPS(Million Instructions Per Second) per $1000 : 1MIPS per $1000는 $1000로 1초에 백만 개의 연산하는 컴퓨팅 파워를 구입가능을 나타내는 단위

으로써 컴퓨터를 일반 대중도 집에서 개인 용도로 사용할 수 있게 되었습니다. 이후 컴퓨팅 파워를 향상시키는 기술은 반도체 기술의 혁신과 맞물려 빠른 속도로 증가하였으며, 2000년도에는 Power mac G4라는 초당 1억 회의 계산이 가능한 컴퓨터가 나왔습니다 (출처: 컴퓨터와 IT기술의 이해, 최윤철 외 2).

지금도 반도체 기술을 중심으로 한 과학기술의 발전을 통해 컴퓨팅 파워를 지속적으로 발전시키고자 하는 인류의 노력은 계속되고 있으며, 이러한 노력의 결과 2023년에는 컴퓨터 성능이 인간의 두뇌를 따라잡을 것으로 예상이 됩니다. 이러한 시기를 정의하기 위해 존 폰 노이만은 처음으로 기술의 발전을 사람이 따라잡지 못하는 시기로 특이점Singularity이란 말을 사용하였습니다. 정확히는 폰 노이만의 동료였던 스타니스와프 울람이 1958년도에 폰 노이만을 회고하며 "기술의 항구한 가속적 발전으로 인해 인류 역사에는 필연적으로 특이점이 발생할 것이며, 그 후의 인간사는 지금껏 이어져온 것과는 전혀 다른 무언가가 될 것이다."라고 언급하였습니다.

컴퓨터와 인간의 대결은 최근 이세돌과 알파고의 대결로 여러분에게도 친숙한 주제가 되었습니다만, 이전에 있었던 인간과 컴퓨터의 대결은 1997년 5월에 IBM의 딥블루라는 슈퍼컴퓨터와 인간 체스 챔피언 간에 있었던 체스 시합이었습니다. 이 당시 사용된 IBM의 딥블루는 www.top500.org에서 매긴 세계에서 가장 빠른 슈퍼컴퓨터 500위 순위 중에서 259번째로 빠른 슈퍼컴퓨터였습니다. 딥블루는 세계 체스 챔피언 그랜드마스터 가리 카스파로프를 시간제한이 있는 정식 대국에서 이긴 최초의 컴퓨터입니다 (출처: www.top500.org).

딥블루와의 최종 6차전에서 그는 불과 19수만에 '퀸'을 어이없이 잃은 뒤 기권을 선언했습니다. 이전에 비해 성능이 2배로 개량된 딥블루는 2차전부터 '실력'을 발휘하기 시작해 6차전 직전까지 카스파로프와 1승 3무 1패로 팽팽한 대결 양상을 보였습니다. 결국 마지막 6차전에서 불과 1시간 만에 궁지에 몰린 카스파로프는 화를 내며 자리를 박차고 일어서고 말았습니다.

이 시합에서 사용된 딥블루의 성능은 11.4 GFLOPS<sup>Floating Point</sup> Operations Per Second(1초당 수행할 수 있는 부동소수점 연산의 횟수를 의미하는 컴퓨터 성능 단위) 였습니다만, 약 20년이 지난 2015년 출시되어 세계적으로 약 5,300만대가 판매된 스마트폰의 성능은 34.8 GFLOPS로 20년 전의 슈퍼컴퓨터인 딥블루보다 3배 이상의 Computing Power를 보유하고 있습니다. 여러분 손 안의 컴퓨터 성능이 이 정도라고 상상이 되시나요?

지금까지 간략히 살펴보았듯이 앞으로도 컴퓨팅 파워의 성능 향상을 위한 기술의 혁신은 지속될 것이며 최근에 화두가 되고 있는 인공지능 기술의 구현에 사용되고 있는 병렬 처리 기술은 또 다른 컴퓨팅 파워의 혁신을 일으키고 있습니다.

## 클라우드 컴퓨팅

최근 IT기술의 발전과 더불어 컴퓨터를 활용한 서비스를 언제 어디서나 내가 필요한 때에 내가 필요한 만큼 쓰고자 하는 요구에 대응하기 위해 개발된 기술이 클라우드 컴퓨팅 기술이며 이는 인터넷상의 서로 다른 물리적인 위치에 존재하는 각종 컴퓨팅 자원들을 가상화 기술로 통합하여 사용자에게 언제 어디서나 필요한 양만큼 편리하고 저렴하게 사용할 수 있는 환경을 제공하는 기술입니다.

즉, 개인용 컴퓨터나 기업의 서버에 개별적으로 저장하여 두었던 프로그램이나 문서를 인터넷으로 접속할 수 있는 대형 컴퓨터에 저장하고, 개인 PC는 물론이고 모바일 등 다양한 단말기로 웹 브라우저 등 필요한 애플리케이션을 구동하여 원하는 작업을 수행할 수 있는 이용자 중심의 컴퓨터 환경을 의미합니다.

클라우드 컴퓨팅의 발전을 보면, 초기의 클라우드는 Storage 와 Computing 자원을 편하게 사용하기 위한 제한적인 기능을 가지고 있었으며 높은 수준의 IT인프라를 저렴한 비용으로 안전하게 사용하고자 하였습니다. 클라우드 컴퓨팅이라는 용어는 1960년대 미국의 컴퓨터 학자인 존 맥카시John McCarthy가 "컴퓨팅 환경은 공공시설을 사용하는 것과도 같은 것"이라는 개념에서 출발합니다. 이후 General Magic사는 1995년에 AT&T와 다른 여러 통신사들과 제휴를 맺고 클라우드 컴퓨팅 서비스를 시작하였습니다. 하지만 이 시기는 소비자 중심의 웹 기반이 형성되기 전이어서 사업들은 실패하였습니다.

그러나 21세기 들어 인터넷 버블의 붕괴 이후 컴퓨터와 스토리지 등을 판매하는 회사들이 시장의 침체를 극복하기 위해 구매 베이스가 아닌 사용 베이스로 컴퓨터 관련 자원을 판매하는 새로운 비즈니스 모델을 시장에 소개하였고 이러한 사업 모델이 활성화 되면서 클라우드 컴퓨팅이라는 개념이 더욱 확산되었습니다. 이 결과로 고용량 네트워크, 저비용 컴퓨터 및 스토리지 장치를 사용자들이 편하고 싸게 이용할 수 있게 되었을 뿐만 아니라 하드웨어 가상화, 서비스 지향 아키텍처 등이 널리 채택됨에 따라 클라우드 컴퓨팅 시장의 성장으로 이어졌습니다.

클라우드 컴퓨팅을 위해 대표적으로 개발된 플랫폼으로는 Amazon EC2 플랫폼, Google App Engine 플랫폼, Microsoft Azure 서비스 플랫폼 등이 있습니다. Amazon EC2는 사용자에게 가상의 컴퓨팅 자원을 제공하고 사용한 만큼 비용을 청구하는 서비스입니다. Google App Engine은 2008년 4월에 시작한 클라우드 컴퓨팅 서비스로서 사용자가 개발 웹 서비스를 구글 인프라 위에서 실행할 수 있는 인프라 자원을 제공할 뿐 아니라 웹 서비스를 개발할 수 있는 SDK와 서비스 관리 도구 등도 함께 제공하는 클라우드 플랫폼입니다. 이미 다양한 서비스를 통해 검증된 구글 인프라를 활용하므로 확장성과 안정성 측면에서 개발자는 부담을 덜 수 있게 되고, 더욱이 웹 서비스 개발 환경을 제공하기 때문에 서비스개발부터 배포, 운영까지 전 과정을 Google App Engine에서 처리할 수 있습니다. Azure 서비스 플랫폼은 2008년 10월 Microsoft의 기술 컨퍼런스인 PDC에서 처음 발표된 클라우드 컴퓨팅 플랫폼입니다. Azure플랫폼의 목표는 "Platform as a Service"시장이며, 웹 애플리케이션의 개발과 운영을 지원하는 Web Role 서비스 타입을 지원한다는 점에서 Google App Engine과 유사하지만 추가로 .NET 기반의 애플리케이션을 클라우드 환경에서 제공하기 위해 Worker Role 서비스를 지원합니다(출처: IT 기획

시리즈, 최성).

　클라우드 컴퓨팅 기술과 시장의 초기에는 위에 설명 드린 인프라 자원을 쉽게 활용하기 위한 인프라 클라우드 컴퓨팅이 주도하였지만, 모바일 빅뱅 이후 발전된 네트워크 기술로 인하여 일반 소비자들이 언제 어디서나 자기가 원하는 서비스를 네트워크를 통하여 서비스를 받고자 하는 요구가 증가하였고 이에 적기에 대응하여 시장을 개척하고 성공한 회사가 아이폰에 다양한 애플리케이션 서비스를 탑재할 수 있도록 단말기와 애플 앱이라고 하는 서비스 생태계를 만들어 낸 애플입니다.

　아이폰이 촉발한 모바일 빅뱅이 확산되는 과정과 병행해서 클라우드 컴퓨팅 기술이 발전해 갔는데, 단말기라는 디바이스의 저장 공간과 컴퓨팅 파워의 한계 그리고 시공간의 제약을 사용자가 가지고 있는 단말기와 인터넷을 통해 사용자가 원하는 고도의 서비스를 연결하는 기술로 발전해 갔습니다. 그 사례로는 여러분들이 편하게 사용하고 있는 검색이나 네비게이션 서비스 등이 있으며 이 외에도 고도의 컴퓨팅 처리가 필요한 빅 데이터 분석이나 AI 서비스로까지 발전해 갔습니다. 즉, 클라우드 기반의 무한한 기능 연결 및 확장을 통해 다양한 서비스의 백본으로 발전해 간 것이지요. 그리고 이러한 클라우드 기술은 뒤에 설명드릴 다양한 산업과 결합되어 새로운 서비스 모델로 발전해 가는 기반 기술로 발전해 가고 있습니다.

# 빅 데이터

스마트폰의 보급 이후 네트워크로 연결된 다양한 디바이스의 수가 기하 급수적으로 증가하였고 이와 더불어 동영상이나 음성 데이터가 증가하여 전체 데이터의 90% 이상이 되는 등 다양한 비정형 데이터가 증가함으로써 컴퓨터가 저장하고 처리해야 할 데이터의 양은 기존의 인프라 기술과 자원으로는 한계에 도달하였고 특히 기존의 DB기술은 대용량 Data를 처리하기 위한 성능과 비용의 제약이 있어 이의 해결이 업계의 화두가 되었으며, 대용량 데이터를 의미하는 빅 데이터의 처리 및 분석 능력을 미래 경쟁력으로 인식하게 되었습니다.

이러한 배경 때문에 개발되어야 할 빅 데이터 기술은 그 대상 데이터의 규모가 방대하고Volume, 데이터의 종류가 다양하며Variety, 데이터 처리 및 분석을 적시에 해결해야 하는Velocity 특성을 가지고 있으며, 그 사용 결과로 새로운 가치를 창출해 낼 수 있어야 합니다. 빅 데이터 처리 기술은 오픈소스 분산처리 기술인 Hadoop 프로젝트에 SI 및 솔루션 업체가 참여하여 만들어 졌으며, Hadoop 기술 중심으로 생태계가 조성되면서 Hadoop Distributed File System, Google File System Data 등 저장과 In-Memory Computing, NoSQL 등 처리 기술이 동시에 획기적 발전이 이루어지며 완성이 되었고 이러한 기술들이 오픈 소스 형태로 제공되어 누구라도 적은 비용으로 사용할 수 있게 되었습니다. 이렇게 만들어진 빅 데이터 기술로 인하여 기존의 DB 기술이 해결하지 못하던 대용량 데이터의 처리를 위한 성능과 비용의 bottleneck을 해결하고 있습니다. 즉, 전에는 대용량 데이터를 처리하여 얻고 싶은 정보가 있어도 그 비용이 얻고자 하는 정보의 가치에 비해 너무 커서 시도를 못하던 데이터 분석도 새롭게 개발된 빅 데이터 기술에 의해 값 싸고 빠르게 처리가 가능해졌기 때문에 이제는 분석이 가능해진 것이지요.

대표적인 빅 데이터의 오픈 플랫폼 기술로는 Hadoop 플랫폼, Eucalyptus: Elastic Utility Computing 플랫폼, Enomaly ECP 플랫폼, EU Reservoir Cloud Computing project 등이 있습니다(출처: 아우름, 한국방송통신전파진흥원).

Hadoop은 오픈소스 클라우드 컴퓨팅 플랫폼의 대표 주자로서 이미 Facebook, Amazon, IBM 등 많은 기업들에서 활용되면서 가치를 인정받고 있습니다. Google의 분산 플랫폼이 검색 엔진의 분산화 과정에서 개발되어 그 응용 범위가 넓혀진 것처럼, Hadoop 역시 오픈소스 검색 엔진의 분산화를 위해 개발이 시작되었고, 최근에는 그 활용 범위가 대용량 데이터 처리를 위한 시스템으로 확대된 경우입니다. 초기 개발단계에서부터 Google의 MapReduce 등을 모델로 했기 때문에 Google 플랫폼과 유사한 방식으로 동작합니다.

Eucalyptus는 캘리포니아 산타바바라 대학에서 클라우드 컴퓨팅 연구를 위해 만든 오픈 소스 플랫폼입니다. 연구를 위해 만든 것이기 때문에 상업적인 플랫폼보다 설치와 관리가 용이하고 플랫폼의 수정과 확장이 가능하도록 설계되어 있습니다. 컴퓨팅 자원에 대한 단순한 계층 구조와 모듈형 디자인을 통해 확장되도록 하였고, Virtual Networking과 Web Services 연결로 기존 인프라에 영향을 주지 않고 설치가 가능합니다. 그리고 설치의 편이성을 위해 오픈 소스 클러스터 설치 도구인 Rocks Cluster를 활용합니다. 또한 상업적으로는 Amazon EC2와 인터페이스 호환성이 보장되어 기존 툴들을 그대로 사용할 수 있습니다. 다양한 오픈소스 소프트웨어 활용 및 Xenhypervisor과 Axis2, JiBX, Rampart 등의 산업계 표준 Web Services 소프트웨어를 이용합니다(출처: ITWORLD, Paul Krill).

Enomaly ECP는 로컬 및 리모트 컴퓨팅 노드들을 가상 클라우드 인프라스트럭처 환경으로 구성하여 가상 어플리케이션을 실행·관리할 수 있는 오픈소스 소프트웨어입니다. 특히 서버 가상화 관리 소프트웨어가 확장된 형태여서 클라우드 컴퓨팅 서비스보다 관리 기능에 중점을 두고 있습니다. 이를 위해 웹 기반의 매니지먼트 대시보드를 제공하여 VM배치 플래닝, 자동 VM 스케일링, 부하 분산 등의 기능을 제어합니다.

빅 데이터 기술의 발전은 위에서 설명한 대용량 데이터의 저장과 처리를 위한 기술과 더불어 데이터의 분석을 위한 고급 분석 기술도 R과 같은 오픈 소스 형태로 개발되어 보급됨으로써 더욱 가속화 되었는데, 고급 분석Advanced Analytics은 급변하는 비즈니스 환경에서 기업 내의 다양한 수준의 의사결정권자와 데이터의 가치를 발견하고자 하는 사용자 및 분석가에게 실시간 및 선제적 의사결정을 지원하기 위한 유용한 정보를 적시에 제공할 수 있는 다양한 분석기법들을 의미합니다.

자연과학을 발전시킨 도구의 하나로 현미경이 있다면, 인간의 지능을 향상시킨 도구로서 빅 데이터 기술의 하나인 고급 분석 Advanced Analytics 기술이 있습니다. 빅 데이터 기술 이전에 활용되었던 데이터 분석 기술인 Business Intelligence 기술은 현재의 현상과 결과적인 관점을 제시하는데 초점을 맞추어 통계, 예측 최적화를 기반으로 향상된 계획과 의사결정 등을 지원하기 위해 정보를 지식수준의 형태로 변환하는 검색, 쿼리 기반의 후행적 분석입니다.

하지만 고급 분석Advanced Analytics은 선행적으로 대용량의 데이터로부터 숨겨진 패턴을 발견하고 상황을 예측합니다. 고급 분석 기술의 발전으로 비즈니스 상황을 예측하고 효율적인 의사 결정을 지원하기 위한 구조화 및 비 구조화된 복잡한 형태의 데이터에서 요인들 간의 상관관계와 의미 있는 데이터의 패턴을 식별하고 실시간 분석으로 선제적인 대응방안을 제공할 수 있게 되었습니다.

Neil Raden은 고급 분석 기법을 기능적 수준에 따라 데이터로부터 현재의 상황을 분석하고 관점을 제시하기 위한 기술 분석 Descriptive Analytics과 선제적 의사결정을 지원하기 위한 예측 분석 Predictive Analytics, 그리고 가능한 결과로부터 가장 최적의 결과를 도출하기 위한 최적화의 세 가지 주요 형태로 구분하였습니다.

기술 분석의 목표는 과거에서부터 현재까지 주어진 데이터로부터 현재의 상황을 설명할 수 있는 패턴을 찾아 사용자의 이해를 돕기 위해 표현하거나 설명하는 것입니다. 즉, 과거 혹은 현재의 주어진 상황에서 발생한 이벤트에 대해 기술을 하거나 그 이면에 존재할 수 있는 요인 혹은 징후를 찾아 보여주는 것을 그 목적으로 합니다.

예측의 사전적 의미는 향후 발생할 어떤 사건에 대해 짐작하는 것을 의미하며, 예측 모형Predictive Model의 가장 쉽게 생각할 수 있는 모델이 바로 기상관측입니다. 비즈니스 영역에 있어서 예측 모형은 축적된 데이터를 기반으로 향후에 어떤 일이 발생할 것인가 혹은 결과는 무엇인가와 같이 미래지향적인 질문에 대해 그 결과를 도출하기 위한 모습을 가지고 있습니다.

예측 분석이 향후 발생할 수 있는 상황이나 사건을 예측하여 의사결정을 지원해 주는 형태라면, 최적화는 주어진 가능한 결과들에 대한 평가를 수행하여 최적의 결과를 도출하는 것을 그 목적으로 합니다(출처: 빅 데이터를 위한 고급 분석 기법과 지원 기술, 이명진 외 1).

## 초연결

4차 산업혁명이 시작되면서 정보통신기술을 비롯한 인공지능, 사물인터넷 등이 다양한 산업들과 결합하며 새로운 형태의 제품과 서비스들을 만들어 내고 있습니다. 이러한 4차 산업혁명의 주된 특징 중 하나는 '초 연결Hyper-Connectivity'입니다.

이미 전세계 20억 명의 인구가 인터넷에 연결되어 있으며, 인류가 사용 중인 디지털 기기의 수는 전세계 인구의 수를 뛰어넘은 지 오래입니다. 그리고 현재도 진행 중인 디지털 기술의 발전과 확산으로 사람, 사물, 공간에 이르기까지 모든 것이 인터넷을 통해 연결이 되고 있고 그 연결의 수는 기하급수적으로 늘어나고 있습니다. 앞으로도 2020년까지 30억 명의 인터넷 플랫폼 가입자가 예상되고, 인터넷으로 연결되는 스마트 디바이스는 500억 개로 예상됩니다. 이제 인터넷은 우리와 24시간을 함께 보내는 가까운 존재가 되었고 스마트폰을 통해 버스의 도착정보를 확인하거나 웨어러블 디바이스를 통해 전송된 운동 정보를 확인하는 것은 더 이상 낯선 일이 아닙니다(출처: KISTEP 부연구위원 15호).

초연결Hyper-connectivity이라는 용어는 2008년 미국의 가트너가 모바일 시대를 맞이하여 사람과 사람, 사람과 사물, 사물과 사물이 연결되는 새 트렌드를 강조하기 위해 처음 사용했습니다. 이렇듯이 초연결 사회란 사람, 사물, 공간 등 모든 것들Things이 인터넷Internet으로 서로 연결되어, 모든 것에 대한 정보가 생성·수집되고 공유·활용되는 사회를 뜻합니다. 모든 사물과 공간에 새로운 생명이 부여되고 이들의 소통으로 새로운 사회가 열리는 것입니다. 즉, 초연결사회에서는 인간 대 인간은 물론, 기기와 사물 같은 무생물 객체끼리도 네트워크를 바탕으로 상호 유기적인 소통이 가능해집니다.

컴퓨터, 스마트폰으로 소통하던 과거의 정보화 사회, 모바일 사회와 달리 초연결 네트워크로 긴밀히 연결된 초연결사회에서는 오프라인과 온라인의 융합을 통해 새로운 성장과 가치 창출의 기회가 더욱 증가할 전망입니다. 무엇보다 사물인터넷, 인공지능, 센서 등의 기술 발달로 제조, 유통, 의료, 교육 등 다양한 분야에서 지능적이고 혁신적인 서비스 제공이 가능해 집니다.

2016년 세계경제포럼에 따르면 2025년에는 1조 개의 센서가 인터넷에 연결되고 인체삽입형 휴대폰이 등장하는 등 초연결 기술이 4차 산업혁명의 시대를 이끌어갈 주요 동력으로 보고 있으며, 클라우스 슈밥은 세계 각 분야 리더 및 전문가들조차 '예측 불가능한 미래'라고 말하는 4차 산업혁명의 시대를 헤쳐 나갈 수 있는 힘 역시 초연결사회에 있다고 주장했습니다. 초연결사회가 구축할 높은 상호 연결성은 사람들이 더욱 긴밀히 협력하고 소통할 수 있게끔 함으로써 시대의 변화를 공유하고 나은 미래를 만드는데 기여할 것이라고 본 것이지요. 이밖에도 세계의 여러 학자와 기관들은 초연결사회를 미래 변화를 이끌 핵심 동인이자 미래사회로의 발전 동력으로 언급하였으며, 다양한 사회 경제적 문제의 대응 방안으로 주목하고 있습니다.

이러한 초연결사회를 만들어 가는 핵심 기술로는 Connected Smart Device, Network, IOT, Block chain이 있으며 이 네 기술을 중심으로 초연결사회를 만들어 가는 기술을 살펴보기로 하겠습니다.

## Connected Smart Device

무선네트워크의 속도가 2010년도에 비하여 100배 증가와 더불어 무선 네트워크의 비용이 480분의 1로 감소되었고, 이러한 속도 증가와 비용 감소에 힘입어 2010년에 조도, 가속도, 근접, 자기 등 4개의 센서가 탑재되었던 스마트폰이 센서가 소형화 되고 집적도가 3배 이상 향상되는 센서 기술의 발전으로 지문, 자이로, 영상 등의 센서가 추가되어 2017년에는 11개에 이르는 등 스마트폰에 탑재된 센서가 빠르게 증가하고 있습니다. 이렇듯이 네트워크 속도 발전 및 비용 감소와 센서기술의 발전으로 Connected Device는 2011년 32억 개에서 현재 180억 개로 폭증하고 있습니다. Connected Device의 폭증으로 개인용 기기는 Wearable Device, 스마트 가전, 스마트 카 등이, 산업용 기기로는 스마트 로봇, 스마트 가로등, 스마트 미터 등, 지금까지 연결되지 않았던 더 다양한 디바이스들이 네트워크로 연결되고 있습니다.

다가올 미래는 모든 것들이 상시적으로 연결되는 세상으로, 2020년이 되면 500억 개가 넘는 디바이스들이 인터넷으로 묶여 소통하게 된다고들 예상합니다. 이는 현재 인터넷에 연결된 사람의 수보다 9배나 많은 수이며 이 500억 개의 디바이스들은 서로 수많은 데이터들을 주고받으며 새로운 패러다임을 탄생시킬 것으로 많은 사람들은 전망합니다.

이러한 500억 개의 디바이스들은 수많은 센서들을 이용하여 정보를 생성하고 무선네트워크를 통해 수많은 정보를 인터넷에 쏟아낼 것입니다. 기후, 온도, 기상 상황, 오염도 같은 환경적인 데이터를 만들어내는 디바이스들과 주변에서 상황 인지 데이터를 취합하여 최적의 반응을 만들어내는 디바이스들, 그리고 CCTV, 교통, 범죄, 사람과 상품의 흐름 등의 사회적 데이터들을 생성해 주는 디바이스들까지 모든 것이 연결된 사물인터넷시대에서 우리는 스마트한 삶을 살아가게 될 것입니다(출처: CIO, Patrick Thibodeau).

따라서 이제 우리는 교육, 헬스, 금융, 제조, 유통, 공공 서비스, 환경, 자연, 농수산업, 예술, 에너지, 주거의 모든 영역에서 서로 연결되어 상호작용하는 스마트한 사물들에 둘러싸인 미래가 도래할 것임을 인지하고, 진정한 초연결의 시대에서 사물인터넷이 만들어 낼 가능성과 미래의 진정한 주체로서의 모습을 고민해야 할 것입니다.

## 네트워크 기술

최근 이루어진 급격한 유선, 무선 네트워크 기술의 발전으로 네트워크 속도와 비용의 Bottleneck이 해결되어 많은 수의 디바이스들이 연결되는 초연결시대가 열렸습니다.

초연결시대를 이끌어 가는 동인의 하나로 앞에서 Connected Smart Device의 보급 확대를 설명하였습니다. 하지만 이러한 디바이스들의 연결을 위해서는 네트워크 기술 발전의 동반이 필수적인데, 향후 전개될 네트워크 기술 중 초연결을 가속화 시킬 기술로는 현재 사용 중인 4G 무선 통신 기술의 후속으로 곧 도입이 예정되어 있는 5G와 디바이스 간 연결을 위한 단거리 통신에 폭넓게 사용되고 있는 블루투스 5.0이 손꼽힌다고 볼 수 있습니다. 따라서 앞으로 전개되어 활용도가 높아질 5G와 블루투스 5.0에 대해서 중점적으로 살펴보도록 하겠습니다.

### 5G

곧 상용화가 이루어질 5G의 시대가 도래하면 이러한 초연결사회로의 변화는 더욱 가속화 될 것으로 보입니다. 무선 네트워크가 4G에서 5G로 바뀌게 되면 전송 속도가 60배 빨라지고, 처리 가능한 Data의 양이 100배로 증가하게 되며, 또한 데이터 송수신간 지연이 10분의 1로 감소되면서 초저지연성이 실현되어 원격 통제가 가능하게 되고, 1평방 킬로미터 내에 100만 개의 센서 및 단말의 연결이 가능한 초연결성의 구현이 가능한 시대가 열리게 됩니다.

5G 네트워크 기술은 4G LTE 이동통신 기술의 후속 기술로서, 우리나라가 평창 올림픽에서 세계 최초로 시범 서비스를 개시한 기술로 세계 각국이 이의 상용화를 위해 치열한 경쟁을 벌이고 있으며 우리나라에서는 2020년 상용화를 목표로 준비 중에 있습니다.

5G 기술의 새로운 구조적 특징 중 가장 두드러지는 것은 라디오 엑세스 네트워크Radio Access Network: RAN 및 코어 네트워크Core Network: CN 구조에 대한 네트워크 슬라이싱Network Slicing 기술의 도입입니다. 이는 네트워크 자원과 네트워크 기능Network Function들을 개별 서비스에 따라 하나의 독립적인 슬라이스로 묶어 제공함으로써 네트워크 시스템 기능 및 자원의 분리Isolation, 맞춤형Customization, 독립적 관리Independent management and orchestration 등의 속성을 이동통신 네트워크 구조에 적용하고자 함입니다(출처: 전자통신동향분석, ETRI).

이러한 네트워크 슬라이싱 기술을 이용하면 서비스, 사용자, 비즈니스 모델 등의 기준에 따라 5G 시스템의 네트워크 기능들을 선택 및 조합하여 독립적이고 유연한 5G 서비스의 제공이 가능해집니다. 5G 네트워크는 속도와 용량의 향상뿐만이 아니라 하나의 네트워크 망을 목적에 맞는 개별 망 구조로 분할이 가능해, 산업별로 별도의 망으로 구성하여 산업별로 다른 요구사항 적용이 가능해짐에 따라 하나의 네트워크 망에서 모바일, 자율주행 자동차, 산업용 로봇 그리고 고정형 센서 등 산업별로 최적 대응이 가능하게 됩니다. 5G 모바일 네트워크는 이전 세대의 네트워크보다 훨씬 더 빠른 속도로 고품질의 통신 서비스를 제공합니다만 4G와의 더 중요한 차이점은 공통적인 물리적 인프라 위에서 실행되는 독립적인 논리적 네트워크를 만들 수 있는 새로운 솔루션이라는 점입니다.

5G 기술의 등장으로 초대용량, 초고속, 초연결성, 초지연성, 네트워크 슬라이싱 그리고 Core Cloud화가 가능해 졌으며, 5G 기술은 향후 미디어, 자동차, 시티, 보안, 제조, 의료, 에너지, 로봇 등 다양한 시장, 산업에서 변화를 이끌어 낼 것으로 예상됩니다.

미디어 시장의 경우 VR, AR, MR 등을 통해 초현실 가상체험이 구현이 될 것이며 그 예로는 싱크뷰, 360 VR 라이브 등이 있습니다.

자동차 산업의 경우 각종 센서간 대용량 데이터 송수신이 가능해지고 통신 속도에 지연이 없어져 원격으로 조종되는 무인자동차 및 무인 물류 장비가 사고 없이 안전한 운행이 가능할 것입니다.

스마트 시티의 경우 안전, 에너지, 교통, 오염 등 스스로 예측하고 해결하는 도시가 가능할 것이며 그 예로는 스마트 쓰레기 수거, 배관망 관리가 있습니다.

보안시장을 보면 CSP를 활용한 융합(물리+정보)보안을 구현할 수 있을 것이며 IBM 왓슨을 활용한 보안관제 센터가 가능할 것입니다(출처: 부산일보 김종렬).

제조업에서는 수요 예측과 맞춤형 생산으로 효율을 극대화 하고 불량을 최소화 할 수 있을 것으로 보이며, CCTV를 활용한 생산장비 모니터링이 가능할 것입니다.

의료 사업은 대용량 영상 정보의 실시간 전송이 가능해짐에 따라 고해상도 원격 치료가 가능해질 것으로 보이며, 에너지 산업의 경우 스마트 그리드 등 에너지 효율 향상으로 지능화된 에너지 관리 플랫폼이 나올 것으로 예상됩니다. 마지막으로 로봇 시장의 경우 실시간 원격 조종을 통한 가치 창출로 드론과 로봇에 의한 재난 원격 구조가 가능하게 됩니다.

전세계적으로 현재 5G 네트워크 조기구축과 기술선점을 위한 주파수 표준화 및 기술개발 경쟁이 치열하게 전개되고 있으며, 향후 5G 상용화 이후에는 이를 기반으로 하는 4차 산업혁명 생태계ecosystem 선점 및 활성화를 위한 경쟁이 본격화될 것으로 예상됩니다(출처: 5G서비스, KT).

5G 네트워크는 4차 산업혁명시대의 핵심 인프라의 역할을 담당할 것으로 예상되므로, 5G 기반 생태계를 활성화해야 하며, 기존 이동통신 기반의 서비스뿐만 아니라 제조업, 서비스업 등 4차 산업혁명을 통해 타 산업이 5G 인프라를 활용한 융합서비스를 제공하고자 하는 경우, 네트워크 자원에 대한 중립성 이슈가 제

기될 가능성도 존재합니다. 시장 원리를 통해 거래관계가 정립될 가능성도 있으나, 네트워크, 플랫폼, 콘텐츠 및 타산업 등 특정 분야에서의 시장지배력이 생태계 전반으로 확산되어 생태계 활성화를 저해할 우려도 존재합니다. 따라서 4차 산업혁명 시대에 부합한 종합적인 규제 체계의 프레임 워크를 검토하고 정립하는 것이 매우 중요할 것으로 판단됩니다.

### 블루투스 5.0

블루투스Bluetooth는 휴대폰, 노트북, 이어폰 등 휴대기기를 서로 연결해 정보를 교환하는 근거리 무선 기술이며, 1994년 에릭슨이 최초로 개발한 개인 근거리 무선 통신PANs을 위한 산업 표준입니다. 블루투스는 나중에 블루투스 SIGSpecial Interest Group가 정식화하였고, 1999년 5월 20일에 공식적으로 발표되었습니다. 블루투스 SIG에는 소니, 에릭슨, IBM, 노키아, 도시바가 참여하였습니다.

블루투스라는 이름은 덴마크의 국왕 헤럴드 블라트란트를 영어식으로 바꾼 것입니다. 이 이름을 사용하자는 제안을 한 사람은 Jim Kardach인데, 계기는 블루투스가 스칸디나비아를 통일한 것처럼 무선통신도 블루투스로 통일하자는 의미인 것입니다.

IEEE 802.15.1 규격을 사용하는 블루투스는 PANsPersonal Area Networks의 산업 표준입니다. 블루투스는 다양한 기기들이 안전하고 저렴한 비용으로 전세계적으로 이용할 수 있도록 무선 주파수를 이용해 서로 통신할 수 있게 하며, 통신사들이 운영하고 있는 통신망을 사용하지 않고 산업, 과학, 의료용 주파수를 사용하여 별도의 주파수 비용이 소요되지 않으며, 규격이 같으면 어떤 기기와도 호환이 가능하고, 매우 작고 저렴한 통신 칩을 사용합니다. 근거리 무선 네트워크인 블루투스는 1.0 버전이 1999년 처음으로 공식 출시된 이후 2.0과 3.0 버전까지는 전송 속도를 빠르게 하는 방향으로 기술 혁신을 이루어 가며 사용 범위를 확대해 나갔습니다만, 실제 산업 현장에서는 블루투스 통신을 통해 연결할 단말기가 배터리를 전원으로 사용하는 경우가 많아 장시간 사용을 위한 저전력 기술이 과제로 대두되었고 이를 해결하기 위해 4.0 버전에서는 3.0 버전 대비 전력 소모를 50% 이상 절감시킨 저전력 기술이 도입되었습니다. 그리고 2016년 소개된 버전 5.0에서는 저전력을 유지하면서도 전송거리를 4.0 대비 4배로 증가시킴으로써 블루투스 통신의 근거리라는 단점을 해소하여 더 많은 단말기들이 유연하게 연결될 수 있는 기반을 만들어 모든 사물을 인터넷으로 연결하는 IOT 산업 발달에 결정적인 기여를 할 것으로 보고 있습니다(출처: 무선 PAN 표준 개발동향, 김진태 외 3).

블루투스 5.0의 출현이 IOT 산업 발전에 새로운 기회로 작용할 것으로 보는 이유는 블루투스 4.2 버전에서 블루투스 5.0 버전으로 바뀌게 되면, 전송거리가 200m까지 가능한 4배로 증가하게 되고, 전송속도도 1Mbps에서 2Mbps로 2배 빨라지게 되며,

**Bluetooth 버전에 따른 전송속도 및 특징**

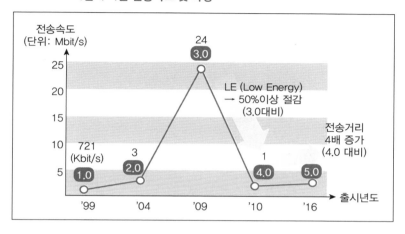

신호를 실어 보내는 브로드 캐스트 용량도 8배 증가하게 됩니다. 이러한 기술의 진보는 증가된 전송 거리로 인해 빌딩의 한 층 전체에 통신이 가능해 지며, 그 결과 공유기 없이 클라우드와 접속할 수 있어 시스템 구성이 간편해지고, Wi-Fi 대비 1/10의 전력만 사용해도 통신이 가능하게 되어 홈 IOT에 경쟁력을 갖출 수 있게 해줄 것으로 봅니다.

SIG측에서는 블루투스 5.0 규격이 사물 인터넷IoT 디바이스 간에 늘어나는 데이터 전송량과 연결을 원활하게 해줄 것으로 기대하고 있으며, 공식 규격이 제정되는 것과 동시에 관련 제품들이 출시될 것으로 예측하고 있습니다. 현재 SIG측에서 밝힌 스펙에 따르면 장애물이 없는 환경에서 블루투스 5.0 디바이스의 수신거리는 최대 400m, 실제 환경에서는 120m에 달할 것으로 관측되고 있는데, 이미 Texas Instruments는 블루투스 5.0 지원 CC2640 칩을 개발하고 있는데, 관련 업체에서는 이미 발 빠르게 관련 제품 개발에 착수 중인 것으로 알려졌습니다(출처: 블루투스 5디바이스, 이상호).

## IOT

여러분들에게도 이미 익숙해진 용어인 IOT는 초연결을 대표하는 기술로 언급되고 있고 일부에서는 인더스트리 4.0과 4차 산업혁명의 대표 기술이라고도 하고 있습니다. IOT는 Internet Of Things의 약자로서, 네트워크를 통하여 사람과 사람, 사람과 사물, 사물과 사물을 연결시켜 다양한 데이터를 수집하고 이를 가공하여 새로운 부가가치를 창출하는 기술과 서비스를 의미합니다.

IOT라는 용어는 케빈 애쉬톤이라는 사람이 1999년 처음으로 사용하였는데 "사물인터넷IOT은 인터넷에 연결되어 인터넷과 같은 방식으로 작동하는 센서들을 의미한다. 사물인터넷은 개방적인 연결을 만들고, 자유롭게 데이터를 공유하며 다양한 응용 프로그램들을 구현함으로써 컴퓨터가 주변 환경을 인식하고 마치 인간의 신경계처럼 작동할 수 있도록 해준다."라고 정의하였습니다. 처음 IOT라는 용어를 사용한 때는 지금과 같이 무선 기술이 폭넓게 활용되는 시기는 아니었습니다. 주로 SCM을 위한 추적 관리를 위해 RFID칩이 사용되던 시기였고 IOT라는 용어가 큰

## IOT의 발달

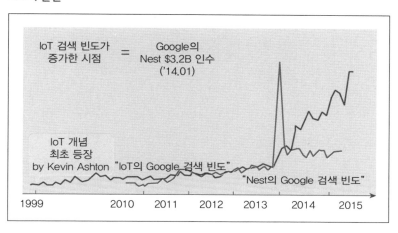

주목을 받지는 못하여, 1999년 IOT라는 개념이 최초 등장한 이래로 IOT라는 용어는 그다지 널리 인용되지 않았습니다.

하지만 IOT라는 용어가 많은 사람들의 관심을 끌게 된 것은 Google이 Nest라는 회사를 $3.2B라는 큰돈으로 인수한 14년 초이며 이때부터 전세계적으로 IOT에 대한 관심이 크게 증가하였습니다. 이렇게 보면 이미 우리 귀에 익숙한 IOT라는 용어가 널리 알려지게 된 것도 그리 멀지 않은 시점입니다.

그럼 왜 구글이 네스트라는 회사를 그렇게 큰돈을 주고 인수했으며, 또한 왜 이때부터 IOT라는 용어가 세상의 관심을 끌게 되었을까요?

네스트라는 회사는 2010년 설립된 회사로 2011년에 자동 제어 기능을 통해 편리하게 온도를 조절해 주고 에너지도 절감할 수 있게 해주는 지능형 온도 조절기를 출시하였고 여기까지는 그 다지 뚜렷한 특색이 없는 평범한 회사의 평범한 제품 수준이었습니다. 하지만 이 회사는 2013년 오스틴 에너지라는 미국 텍사스주의 전력회사와 제휴를 하며 새로운 비즈니스 모델을 만들어 내었습니다. 지능형 온도 조절기인 단말기와 전력회사와의 서비스 결합으로 전력 회사의 피크 전력 제어 및 각 가정의 에너지 절감이라는 새로운 부가가치를 만들어 낸 것이지요.

대부분의 가정에서 전기를 많이 사용하는 낮 시간에 전력회사와의 계약에 따라 자동으로 실내 온도를 약간 상승시킴으로써 전력회사의 피크 타임 관리에 도움을 주고 이와 함께 가정에서는 전기료의 절감과 더불어 피크타임 관리를 도와준 것에 대한 인센티브를 받는 서비스 모델입니다. 이렇게 네스트와 오스틴 에너지가 협업을 하여 개발된 서비스 모델은 텍사스에서의 실증을 거쳐 미국 전역에 확대를 도모하였으며 이 모델을 미국 가구 10%에 적용하였을 때 연간 2조원 정도의 전기료의 절감은 물론 원자력 발전소 2기를 대체할 수 있는 효과가 나타날 것으로 예상하였습니다. 네스트가 오스틴 에너지와 개발한 비즈니스 모델이 IOT라는 새로운 비즈니스 모델의 출현으로 부각되었고, 바로 구글의 눈에 띄게 되어 네스트라는 회사가 큰 금액으로 인수 되었으며 많은 사람들이 구글의 네스트 인수 이유를 확인하는 과정에서

IOT라는 새로운 용어가 널리 알려지게 된 것이지요.

그런데 IOT가 구글이 네스트를 인수한 2014년부터 세계적으로 산업의 화두로 등장하면서 IOT 사업에 많은 기업들이 뛰어들었습니다만, 초기에는 IOT 사업의 실체에 대해 갑론을박이 이어지며 많은 혼란이 있었습니다. 그 혼란 중 가장 컸던 것이 IOT 사업의 실체, 즉 IOT가 만들어 낼 시장이 어디에 있느냐는 것이었습니다. 많은 기업들이 IOT라는 용어에 있듯이 IOT의 주 시장이 Things, 즉 인터넷으로 연결될 센서에 있을 것으로 보고 센서 사업에 집중하려는 노력을 하기도 하였고, 또 한편에서는 Internet, 즉 네트워크와 관련된 기술이나 제품에 IOT의 주 시장이 열릴

**IOT 관련 매출 전망**

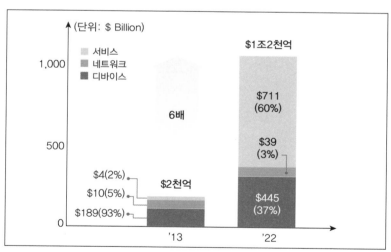

출처: IRS Global(2014)

것으로 보고 이 시장을 선점하기 위해 많은 투자를 하기도 하였습니다. 하지만 곧 여러 기관들이 발표한 자료에 의하면, IOT의 주 시장은 센서와 같은 디바이스나 네트워크 장비가 초기 IOT 시장을 만들겠지만 곧 IOT의 주 시장은 IOT를 활용해 만들어 지는 서비스 사업으로 이동할 것으로 보았습니다.

즉, IOT는 새롭게 만들어지고 확대되는 센서나 디바이스 기술과 네트워크 기술의 발전으로 초기 시장이 만들어 지겠지만 결국 인류에게 제공되는 편리하고 유용한 서비스를 통해 부가가치를 창출하는 서비스 시장 쪽으로 움직여 갈 것으로 보는 것이지요.

하지만 IOT라는 용어를 우리가 잘 인식하고 있지 못한 사이에 이미 우리는 IOT 시대에 살고 있으며, IOT 기술이 여러 산업과 융합되면서 새로운 사업기회와 부가가치를 창출하고 있습니다. 보건·의료 분야에 적용되어서는 웨어러블 센서를 통해 수집된 건강 상태가 의사에게 네트워크를 통해 전달되어 의사의 진료 활동을 도와주는 원격진료 서비스와 웨어러블 헬스기기가 만들어졌고, 전력 분야에 적용되어 스마트그리드, 교통 분야에 적용되어 커넥티드 카 및 지능형 교통시스템ITS으로 발전하였습니다. 가정에 있는 가전기기와 연계하여 만들어진 스마트 홈 서비스는 가전기기의 편리한 사용과 더불어 보안 서비스 등과 연계하고 있습니다. 특히, IOT 기술은 제조업의 생산 공정에 도입되어 스마트 팩토리, 즉 첨단 생산관리 시스템을 구축하고 있으며 이는 앞서 살펴본 인더스트리 4.0의 핵심 기술로 적용되고 있습니다. 심지어 로우테크low-tech 산업으로 인식되어 오던 농수산식품 산업에도 IOT가 적용되어, 식물공장이나 스마트 푸드 시스템 등 고부가가치의 새로운 사업 영역을 만들어 가고 있습니다.

IOT 기술이 확산되면 공급자 위주의 제품 중심에서 수요자 위주의 서비스 중심으로 변화할 것입니다. 이러한 추세와 맞물려 앞으로 소프트웨어의 중요성이 더욱 커지게 되고, 이를 바탕으로 고객 수요에 부응하기 위한 다양한 서비스 산업이 성장할 것으로 기대하며, 심지어 제조업의 대표적인 자동차산업에서도 이러한 변화가 일어나고 있습니다. 미래에 자동차의 가치는 기존의 물리적 시스템에서 벗어나 어떠한 소프트웨어 플랫폼과 애플리케이션을 장착했는지로 결정될 것입니다.

미래의 IOT 산업은 제조업보다는 서비스업에 가깝다고 할 수 있으며, 네트워크로 연결된 스마트한 센서와 디바이스로 수집된 방대한 데이터를 통해 지금까지 없었던 다양한 형태의 서비스 제공이 가능해지고 이를 통해 새로운 비즈니스 모델이 창조될 전망입니다.

## 롤즈로이스의 IOT

구글이 인수한 네스트가 IOT 사업 개념을 소개하기 이미 오래 전부터 IOT 기술은 산업현장에 적용되어 새로운 Business Model을 창출하고 있었습니다. 그 대표적인 사례가 롤즈로이스가 항공기 엔진 사업을 제조업 중심에서 서비스 중심 사업으로 바꾸어간 사례이며 롤즈로이스는 이미 2002년부터 IOT 기술을 활용한 새로운 사업 모델을 출시하여 시장의 판도를 바꾸었습니다.

롤즈로이스의 항공기 엔진에서 문제가 생겼을 경우에 항공사 측에서는 높은 수리비용이 발생되고, 수리 기간 동안 승객/화물의 운송 차질로 인하여 2차 피해가 발생합니다.

엔진 제조사인 롤즈로이스는 지속적인 성장을 해오던 항공기 엔진 시장이 2000년대 들어 성장 한계에 도달하여 연평균성장률이 5% 감소하는 상황에 부딪치게 되었습니다. 이러한 시장 정체를 돌파하고자 롤즈로이스는 사업 모델을 기존 '판매' 방식에서 '리스&서비스' 방식으로 전환하기 시작했습니다. 즉, 엔진을 구매하는 항공사는 수백억~수천억에 달하는 엔진 비용을 구매 시 지불하는 것이 아니라 항공기가 운항되어 엔진이 가동되는 시간에 따라 사용료를 내는 방식입니다. 롤즈로이스는 이를 위해 항공기 엔진에 다양한 센서를 부착해 온도, 공기압, 속도, 진동 등 항공기 운항과 관련된 각종 정보를 실시간으로 수집하고 분석하는 시스템을 만들었습니다. 이렇게 수집된 정보는 단순히 과금을 위해 사용되는데 그치지 않고 엔진의 상태를 진단해 사전적 정비를 하거나 연료 절감을 위한 엔진 제어 등 다양한 목적을 위해 분석되고 활용됩니다. 이는 엔진 정비, 사후 관리와 관련된 비즈니스 기회로 연결되어 추가적인 수익 창출 수단으로 쓰였습니다.

즉, 롤스로이스는 엔진 제조 산업의 비즈니스 모델을 IOT 기술을 적용해 혁신적으로 변화시켰고 이러한 변화는 항공기 구매 시 항공사가 지불해야 했던 초기 비용 부담을 획기적으로 낮추고 항공기 엔진 정비 및 사전 점검에 지불했던 비용도 크게 절감하게 했습니다. 또한 롤스로이스는 Business Model을 혁신하면서 서비스 출시 이후 연평균 8.5% 성장하였으며, 여객기 엔진 시장의 23%대의 마켓쉐어를 가진 2위에서 60%의 쉐어를 갖는 압도적인 1위로 올라섰습니다.

그리고 롤스로이스는 엔진 판매 뒤에 지속적으로 엔진을 관리하고 보수해주는 '토털 케어'라는 상품을 통해 유지·보수 서비스를

**롤스로이스 매출**

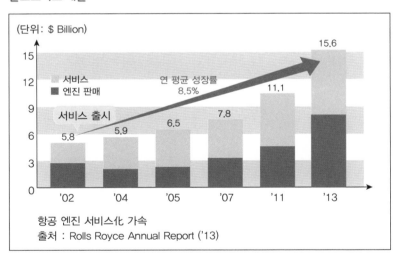

항공 엔진 서비스化 가속
출처 : Rolls Royce Annual Report ('13)

제공합니다. 이러한 토털 케어 서비스가 가능한 이유는 롤즈로이스의 주력 제품인 트랜트Trent 엔진입니다. A380, 보잉 787 드림라이너 항공기 등에 사용된 이 엔진에는 센서가 25개 들어가 있어 연료 사용량, 압력, 기온, 항공기 높이, 속도, 기압 등 다양한 정보를 수집합니다. 전문 엔지니어는 실시간으로 수집한 데이터를 바탕으로 엔진 결함 및 교체시기를 분석하고, 항공사는 이를 바탕으로 비행 스케줄을 조절합니다. 이를 통하여 항공사는 갑작스러운 기체 결함으로 인한 연착 및 취소 손실을 줄일 수 있으며, 연료 사용량을 최적화하면서 엔진 한 개 당 연간 약 3억 원의 비용 절감 효과를 이뤄냈습니다.

## 블록체인

### 블록체인 기술

블록체인Block Chain은 암호화된 거래정보가 포함된 블록이 합의의 과정Proof of Work을 거치면서 지속적 연결되어 네트워크에 참여하는 노드들에 분산형태로 저장·관리되는 기술로 설명됩니다. 이를 통하여 신뢰성이 확보된 안정된 네트워크가 형성되며 네트워크 노드와 연결된 개인은 제3자의 개입 없이 직접적인 거래가 가능하게 됩니다. 세부적으로 개인과 개인 사이에 이루어진 다양한 거래들은 특정한 블록에 쌓이게 되고, 거래들의 합으로 이루어진 특정한 블록은 참여한 노드들 사이에 합의의 과정을 거쳐

**블록체인 기술원리**

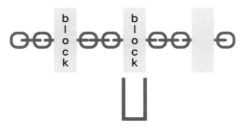

암호화된 거래정보들을 블록화하고 합의과정을 통하여 분산저장

현재까지 구성된 블록체인에 하나의 블록으로 연결됩니다.

이때 다수의 거래를 저장하고 있는 블록체인 내 특정블록이 손상될 지라도 분산·저장되어 있는(분산장부) 다른 노드에서 재생이 가능하기 때문에 거래정보는 소실되지 않습니다. 이러한 특성 때문에 관리자가 없이 서비스가 멈추지 않고 계속 돌아갈 수 있게 되는 것이지요. 미래학자 돈 탭스콧Don Tapscott은 현재의 인터넷을 뛰어넘어 블록체인 기술을 제2의 인터넷 혁명이라 칭하며, 비즈니스 서비스 환경에 커다란 변화를 가져올 것이라고 예측하였습니다.

블록체인 기술은 상호거래의 신뢰성을 보증하는 중앙 관리자의 개입을 최소화하며(심지어 중앙 관리자 없이), 네트워크 참여자들의 합의 과정으로 대신하기 때문에 다음과 같이 장점을 가져다주게 됩니다. 먼저 다양한 거래들의 집합체인 블록을 공동 소유하기 때문에 해킹과 같은 보안사고가 발생하더라도 빠른 시간에 복구가 가능하며, 다양한 거래내역들이 공개되어 있어 투명성과 비가 역성을 확보할 수 있게 됩니다. 마지막으로 이러한 장점을 가져다주는 블록체인은 공개된 소스코드에 의해 쉽게 구축이 가능하기 때문에 다양한 서비스로의 확장성을 확보할 수 있습니다.

### 블록체인 서비스

미래 신뢰 네트워크로서 블록체인 기술은 단편적인 요소기술 수준을 넘어 다양한 비즈니스 서비스들의 실현을 가능하게 하기 때문에 서비스 플랫폼으로서의 역할을 담당할 것으로 예상하고 있습니다. 상대적으로 일찍 블록체인 기술이 적용된 산업은 금융 분야로서 비트코인Bit Coin으로 대표되는 가상화폐 또는 암호화폐의 출현입니다. 기존 실물 화폐에 대한 한계성을 대체하면서 복잡한 금융거래에 소요비용을 최소화하려는 노력이 진행되고 있으나(특히 일본), 국내(한국)에서는 아직 관련 법 규정과 정책이 한정되어 활용이 제한되고 있지요.

그 다음분야로 블록체인 기술이 적용 가능한 분야는 물류산업입니다. 원부자재 또는 제품의 유통기록이 무결한 블록으로 적용됨으로써 추적성과 함께 원산지 증명 등이 가능하게 됩니다. 이와 같은 비즈니스 특성은 환자의 건강 및 치료과정을 기록하는 의료정보, 자동차에 대한 생애주기를 관리하는 보험정보 등에서 적용 가능할 것이라고 예측하고 있습니다. 그러나 이와 같은 서비스를 비즈니스 관행 및 기존 서비스 환경에 대한 혁신적인 변화를 요구하기 때문에 블록체인 서비스로의 전환이 다소 지연되고 있는 상태입니다.

따라서 블록체인 서비스는 기존 비즈니스 서비스의 전환보다는 새로운 비즈니스 서비스로의 가치창출 모형으로 설계되고 있으며, 대표적인 산업이 에너지 분야입니다. 이제까지의 일반 가정의 에너지 활용은 주로 소비에 맞추어져 있었으나, 최근 신재생 에너지(태양, 바람, 지열 등)에 대한 생산도 가능해짐에 따라, 가정에서 자체 소비 후 남은 에너지는 다른 가정으로의 거래가 가능할 것으로 예상되고 있습니다Prosumer. 이러한 과정에서 블록체인 기술은 가정과 가정 사이에 중간 거래 중계자 없이 상호신뢰를 바탕으로 에너지 거래를 가능하게 할 것으로 기대하고 있습니다.

이렇게 비즈니스 형태 자체를 혁신적으로 변화시킬 것으로 예상되는 블록체인 기술은 미래 다양한 산업의 새로운 비즈니스 플랫폼으로 자리매김할 것 같습니다.

**블록체인기술 기반의 혁신서비스 적용가능 산업**

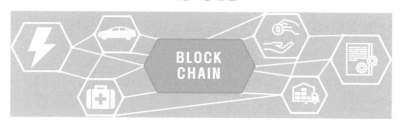

지금까지 초연결에 관련된 네 가지 스마트 기술, 즉 스마트 디바이스, 네트워크 기술, IOT, 블록체인으로 대표되는 서비스의 네 방향으로 각각의 특징을 살펴보았지만 초연결의 핵심은 부분적인 각각의 기술보다는 이러한 기술들이 융합되어 만들어 내는 새로운 부가가치 서비스에 있다고 하겠습니다. 앞으로의 사회는 모든분야에서 사람, 기술, 산업, 장치들이 네트워크와 소프트웨어를 통해 융합되고 이러한 융합은 거대한 디지털 네트워크를 형성하여 실시간으로 인류에게 유용한 스마트 서비스를 만들어 가는 방향으로 진화해 갈 것으로 보입니다.

## 초지능화: AI

4차 산업혁명을 이끌어 가는 기술의 가장 중요한 Key Word 는 '초지능화' 입니다. 1, 2, 3차 산업혁명은 인간이 산업과 경제 활동에 사용하는 동력을 대체하고 효율화 시키는 기술이 주로 작용하여 가속화 시킨 반면, 4차 산업혁명은 여러 스마트 기술 중에서도 인간의 두뇌가 하던 일을 대체하는 기술인 인공지능 Artificial Intelligence이 만들어 가는 초지능화가 가장 큰 영향을 미치고 있으며 이러한 추세는 앞으로도 더 강화되어 모든 기술 및 산업 구조가 초지능화 되는 현상이 더욱 보편화 되어 4차 산업혁명을 가속시킬 것으로 보고 있습니다.

**인공지능 서비스 시장의 급성장 예상**

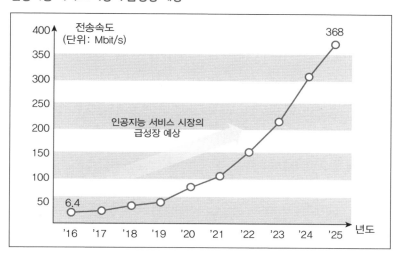

지금 우리 주변에서 가장 쉽게 접할 수 있는 인공지능 관련 서비스는 다름 아닌 인공지능 음성 비서 서비스입니다. 애플의 시리Siri, 삼성의 빅스비Bixby 등 인공지능 음성 비서 기술을 탑재하고 나온 기기의 시장 규모가 크게 성장하고 있으며, 금융 업계에서도 인공지능 기술은 단순한 업무 지원뿐만이 아니라 투자자문 서비스까지 확대되어 역할을 키워가고 있습니다.

산업시장에서도 딥 러닝Deep Learning 등 기계 학습과 빅 데이터에 기반한 인공지능과 관련한 시장이 급성장할 것으로 전망되고 있습니다. 인공지능 서비스의 시장은 2016년 6.4억 달러에서 2025년까지 368억 달러의 규모로 급성장할 것으로 예측되었습니다.

인공지능 기술의 역사는 컴퓨터 기술의 출현 이후 컴퓨터가 인류의 두뇌를 대체할 수 있을 거라는 상상과 더불어 나날이 발전해 나갔으며 인류는 상상 속에서만 있던 기술들을 현실로 실현해 나가기 시작했습니다. 하지만 인공지능 기술의 발전은 기대만큼 빨리 발전하지 못하고 시행착오를 거듭해 갔습니다. 그럼에도 불구하고 인공지능 기술이 인류의 큰 관심을 끌고 그 발전 속도를 가속화 시킨 데에는 IBM이 개발한 Watson과 Google 알파고 AlphaGo가 결정적인 역할을 하였습니다.

IBM의 Watson은 인공지능을 활용해 자연어 형식으로 된 질문들에 대답할 수 있는 인공지능 컴퓨터 시스템이며 다양한 분야에서 활용되고 있습니다. Watson은 예측 분석을 통해 의사결정을 내리고 비즈니스 결과를 개선하는 IBM SPSS Modeler와 데이터 분석의 IBM Watson 애널리틱스Analytics, IBM Data Science Experience 등이 데이터 및 분석 기능을 제공하고 있으며, 보안 위협에 대처하는 기술로 IBM Application Security on Cloud, 엔드포인트endpoint를 관리하는 IBM MaaS360 with Watson, IBM Cloud Identity 등으로 구성되어 있습니다.

왓슨은 다양한 분야에서 다양한 방법으로 활용되고 있습니다. 헬스케어 및 의료분야에서 Watson은 판독 정확성 96% 이상의 확률로 암 진단 영상 판독 기술에 활용되고 있으며 국내의 몇몇 의료기관에서도 Watson을 도입하여 진료 지원에 활용하고 있습니다.

비즈니스 분야에서는 빅 데이터 처리 시스템 Watson Analytics로 변형되어 마케팅, 영업, 관리 등에서 활용되어 새로운 일하는 방식을 만들어 가고 있으며, 미디어 분야에서는 기존 영화 예고 편집법을 학습한 뒤 개봉작에 대한 예고편을 제작하였습니다. Watson은 "Morgan"이라는 영화를 본 후, 시각적·청각적 분석과 함께 촬영 장소, 조명 등 각 장면 구성에 대한 분석까지 진행하였고 이를 토대로 예고편에 적합한 10가지 순간을 추려내어 최종 예고편을 제작하기도 하였습니다. 이러한 사례 외에도 IBM은 계속해서 더욱 다양한 산업에 필요한 인공지능 서비스를 개발 중에 있습니다.

IBM의 왓슨 외에 인공지능이라는 기술을 인류에게 가장 충격적으로 알린 사례는 우리가 잘 알고 있는 Google Deep Mind가 개발한 인공지능 알파고AlphaGo입니다.

AlphaGo는 이전에 있었던 수많은 바둑 대국의 경험을 학습해 가장 승률이 높은 착점을 찾아가는 인공지능 프로그램으로 2016년 프로 바둑기사 이세돌 9단에게 승리하여 전세계의 이목을 집중시켰습니다. 알파고는 이후로도 계속 진화하여 이전의 기보를 참조하지 않고 스스로 학습하여 새로운 기보를 만들어 가는 알파고 제로, 그리고 더 나아가서는 적용 대상을 바둑에 국한하지 않고 다양한 산업에 적용하여 부가가치를 만들어 내는 알파 제로로 발전하였습니다.

참고로 알파고의 "알파"는 구글의 지주회사인 "알파벳"에서

따왔고, "고"는 서양에서 바둑을 "고"라고 부르기 때문에 알파벳이 만든 바둑 프로그램을 상징하는 이름입니다. 알파고 제로는 알파고가 이전의 기보를 학습하지 않고 제로 베이스에서 스스로 새로운 기보를 만들어 가는 인공지능이라는 뜻으로 붙여진 이름입니다. 끝으로 알파 제로는 고라는 바둑 도메인이 아닌 모든 분야에 적용 가능한 인공지능이라는 의미에서 고라는 이름을 떼고 알파 제로라고 명명하였다고 합니다. 현재 알파고는 영국의 국민건강보험공단과 협약을 맺어 환자의 치료 시간과 진단 속도를 단축할 수 있도록 하는 기술을 개발 중에 있으며, 이외에도 기후 예측, 자율주행 기술, 스마트폰 보조 비서 역할 등 다양한 분야에서 활발하게 활용될 수 있도록 개발 중에 있습니다. 이처럼 인공지능은 인간의 사고 과정대로 과제를 수행하도록 개발 중이며 4차 산업혁명은 인공지능의 혁신적인 변화에서 시작될 전망입니다.

인공지능 기술이 컴퓨터 기술의 출현 이후 인류의 두뇌를 대체하는 기술을 만들고자 한 인류의 부단한 노력이 있었음에도 불구하고 시행착오를 거듭하다가 인류의 두뇌를 대체할 수 있다는 기대를 거의 충족시키며 4차 산업혁명을 주도하는 기술인 지금의 수준으로 발전할 수 있었던 계기와 동력은 어디에 있을까요?

## 인공지능의 발전 원인

지금 수준의 인공지능 기술이 가능하게 한 발전 원인은 인공지능을 구현하는 핵심 기술인 알고리즘의 발전과 그중에서도 딥 러닝 알고리즘의 출현, 딥 러닝 알고리즘이 의미 있는 결과를 도출할 수 있도록 학습의 기회를 만들어 준 데이터의 폭발적 증가, 마지막으로 대량의 데이터 처리를 처리함에 있어 한계로 작용했던 속도와 비용의 이슈를 해결해 빠른 속도로, 싼 값에, 적은 전기를 사용하며 대용량 데이터 처리를 가능하게 해준 GPU 기술의 발전, 크게 이 세 가지라고 할 수 있습니다.

먼저 첫 번째로 살펴 볼 인공지능 기술의 발전에 기반을 제공한 계기는 인공지능 알고리즘의 발전과 딥 러닝의 출현을 들 수 있습니다. 1950년대에 본격적으로 개발되기 시작한 인공지능 알고리즘은 이후 80년대까지 발전을 거듭하여 AI의 황금기로 불릴 정도로 추리 알고리즘Step by step과 자연어에 관한 연구가 활발하게 진행되었습니다. '인공지능'이라는 단어는 1956년 다트머스 회의에서 공개되면서 널리 쓰이기 시작했습니다. 당시의 인공지능 연구의 주는 단순 추론과 탐색으로 이뤄졌으며 연구의 성공사례는 인공지능의 실현이 가능하며 곧 활성화될 것이라는 희망을 주었습니다. 이어 1970~1980년대에는 전문가의 의사결정에 보조적인 역할을 할 수 있는 AI에 대한 연구개발이 활성화 되며 AI의 붐이 일어났습니다. 인간의 의사결정 능력을 모방하는 컴퓨터 시스템인 전문가 시스템Expert Systems에 대한 관심이 급증한 것이지요. 하지만 전문가 시스템이 연구실을 벗어난 실제 산업 현장에서의 적용에서는 기대에 크게 못 미치는 수준이 이어지며 인공지능에 대한 관심도가 떨어져 인공지능의 발전은 한계에 부딪치는 듯 했습니다.

1990년에서 2000년까지의 시기에 그나마 인공지능에 대한 기대를 이어지게 한 AI 연구는 신경망 네트워크Neural Networks, 즉 인간의 뇌를 모방한 신경망 네트워크와 인간이 생각하는 방식을 반영한 퍼지 시스템Fuzzy Systems입니다. 이 기술을 활용하여 1997년 5월 IBM에서 개발한 딥블루Deep Blue가 당시 세계 최고의 체스 플레이어와의 체스 게임에서 승리를 거두어 큰 화제가 되기도 하였습니다.

약 20여 년 간 침체를 겪던 인공지능 기술 알고리즘이 21세기에 들어 Intelligent Agents(지능형 에이전트)와 Machine Learning(기계학습) 알고리즘이 출현하며 다시 도약을 하기 시작합니다. 지능형 에이전트는 가상 환경의 공간에서 응용 프로그램을 다루는 사용자를 지원할 목적으로 만들어진 작업의 반복을 자동화시켜주는 컴퓨터 프로그램 소프트웨어입니다. 머신 러닝은 인공지능의 한 분야로 아서 사무엘은 이를 '컴퓨터에 명시적인 프로그램 없이 배울 수 있는 능력을 부여하는 연구 분야'라고 정의하였습니다. 즉, 컴퓨터가 데이터를 공부하게 함으로써 새로운 지식을 습득할 수 있도록 하는 알고리즘입니다. 이러한 새로운 기술들을 결합하여 2006년에 제프리 힌튼 교수가 인공 신경망 분야에서 뛰어난 발전을 보이며 '딥 러닝Deep Learning'을 탄생시켰습니다. 딥 러닝은 인공신경망에 기반을 둔 기계 학습의 알고리즘 집합으로 정의되고 있으며 컴퓨터에게 인지, 추론, 판단 같은 인간의 사고방식을 가르칩니다. 이러한 새로운 알고리즘을 활용하여 만들어진 IBM의 Watson이 미국의 퀴즈 프로그램 Jeopardy에서 우승을 하며 AI의 발전은 계속되고 있음을 보여 주었습니다.

2010년 이후 Deep Learning은 거듭된 진화를 보여 왔습니다. 2012년 토론토 대학은 '딥 러닝'을 활용한 이미지 인식 경영대회에서 우승을 하였고, 2014년에는 구글이 기계학습 분야에서 새로운 가능성을 보여준 인공지능 분야 기업인 딥 마인드를 인수해 주요 기업들 간의 기술경쟁을 예고하였습니다. 2014년에는 Facebook이 얼굴인식 기술인 딥 페이스Deepface를 발표하였고, 그 다음 해

**인공지능 알고리즘의 발전과 딥 러닝의 출현**

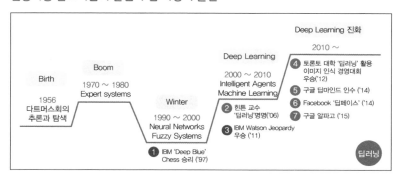

인 2015년에는 앞서 살펴보았던 구글의 알파고가 만들어져 준비
기간을 거쳐 2016년에 이세돌과의 대국에서 승리함으로써 인공
지능 기술의 위력을 보여준 것이지요.

두 번째로 인공지능 기술의 발전에 크게 영향을 미친 원인으
로는 Data의 폭발적 증가를 들 수 있습니다.

데이터가 폭발적으로 증가했다는 말은 테스트가 가능한 자원
이 풍부해졌다는 말과 같은 뜻으로 볼 수 있습니다. 대량의 데이
터를 통해 검증을 해야만 고객의 구매 기록 및 취향 파악이 가능
하고 이를 통해 소비자에게 가장 적합한 구매를 유도할 수 있는
고객의 경험 향상 및 운영 효율 향상, 혁신의 유도가 가능한 의미

**데이터의 폭발적 증가: 테스트 가능한 자원의 풍부화**

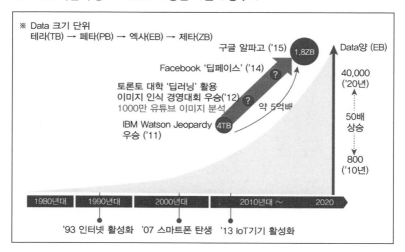

있는 메시지를 만들어 낼 수 있습니다. 또한 수많은 로그 분석을 통해 기기의 오류 작동을 예측 및 예방할 수 있습니다.

데이터 처리량의 증가를 보여 주는 사례로 2011년 퀴즈 프로그램 Jeopardy에서 IBM Watson이 우승했던 시점에서 처리했던 데이터의 양은 4TB 크기였습니다만, 불과 4년 뒤의 2015년 알파고가 처리한 데이터의 양은 1.8ZB라는 5억배의 어마어마한 양으로 증가한 것입니다. 데이터 크기 단위는 테라$^{TB}$ → 페타$^{PB}$ → 엑사$^{EB}$ → 제타$^{ZB}$의 순으로 커집니다.

알파고가 딥 러닝이라는 인공지능 기술의 진화와 검증을 위해 바둑이라는 대상을 선정한 것은 체스보다는 엄청난 경우의 수가 생기는 바둑에서는 컴퓨터가 인간을 이길 수 없다는 기존의 상식을 깸으로써 전 세계의 주목을 끌 수 있다는 요인도 작용했겠지만 그와 더불어 바둑은 이전에 인간들이 만들어 놓은 수많은 기보를 통해 엄청난 양의 학습을 할 데이터가 존재한다는 점도 크게 작용하였습니다. 따라서 인공지능 기술의 발전에는 인공지능 기술 알고리즘을 테스트하여 진화·발전시킬 수 있는 많은 양의 데이터의 존재가 필수적인데 그런 의미에서 인공지능 기술을 선도할 국가로 중국이 크게 부상하고 있습니다.

앞서 살펴본 인공지능 기술의 기반인 딥 러닝을 필두로 한 알고리즘은 미국과 유럽을 중심으로 개발·발전되고 있습니다만 이러한 기본적인 알고리즘은 논문 형태로 일반에게 발표되어 공개되고 있습니다. 하지만 인공지능 알고리즘이 의미를 가지려면 알고리즘이 특정 도메인 분야에 적용되어 부가가치를 만들어 낼 수 있다는 것이 검증되어야 하는데 이러한 검증에는 특정 도메인에서의 방대한 데이터의 존재가 필수적입니다. 물론 최근에 발표되는 전세계 인공지능 관련 논문의 거의 절반을 차지하는 나라가 중국이라는 점도 향후 인공지능 기술을 중국이 선도해 갈 것이라는 전망을 하게 합니다만 이러한 중국이 발표하는 논문은 기본적이고 새로운 알고리즘의 발표보다는 인공지능 알고리즘을 여러 도메인에 적용하여 만들어낸 검증 사례가 주를 이루고 있고, 이러한 검증 사례의 발표를 중국이 선도하고 있는 배경에는 중국이라는 나라의 엄청난 인구가 만들어 내는 대량의 데이터와 개인정보를 산업계에서 거의 제한 없이 사용하도록 함으로써 인공지능 기술 발전을 주도하겠다고 하는 중국 정부의 강한 의지가 같이 작용하고 있습니다.

이런 점에서 보면 우리나라의 경우는 인공지능 알고리즘의 원천 기술에서는 미국을 비롯한 유럽 국가를 뒤쫓아가는 입장에 있고, 인공지능 알고리즘을 활용하여 새로운 활용 분야를 개척해 나가는 분야에서는 검증할 데이터의 부족으로 인공지능 기술의 발전에 근본적인 한계를 가지고 있습니다. 4차 산업혁명의 가장 중요한 기술인 인공지능 기술 분야에서 우리나라가 그나마 외국과 경쟁을 하려면 인공지능 알고리즘을 적용하여 테스트할 데이터를 어떻게 공급할 것인가를 정부와 산업계에서 심각하게 고민해 봐야 하겠습니다.

인공지능 기술의 발전에 크게 영향을 미친 세 번째 원인은 GPU^Graphic Processing Unit 성능의 기하급수적 발전을 통한 데이터 처리 능력 제약의 극복입니다. GPU는 컴퓨터에서 그래픽 연산 처리를 담당하는 반도체 코어 칩 또는 장치로 그래픽 카드^VGA의 핵심 칩입니다. 처음에는 CPU^Central Processing Unit(중앙처리장치)의 연산 결과를 그림이나 글자 신호로 변환하여 출력하는 부품으로 인식되고 있었으나 3D 그래픽을 통한 입체감 형성이 도입되면서 CPU의 부담을 덜어줄 보조 역할의 프로세서로 개발되어 그래픽 카드에 탑재하여 주로 게임을 위한 영상처리, 속도 가속화, 선명한 화면 출력 등 GPU는 게임 산업의 그래픽 부분에서 빠질 수 없게 되었습니다. 하지만 주로 게임 산업용으로 만들어져 사용되어 온 GPU는 여러 가지의 명령어를 병렬식을 사용하여 한꺼번에 빠른 속도로 처리가 가능한 장점이 인공지능 분야에 활용되면서 그 효용 가치가 크게 확대되었고, 특히 인공지능 기술의 딥 러닝 알고리즘 처리에 한계로 작용되었던 대량 데이터의 빠른 처리를 가능하게 하여 인공지능 기술이 확산되는 데에 크게 기여하였습니다. GPU 기술의 발전에는 여러 반도체 회사가 참여하였습니다만 NVIDIA라는 실리콘 밸리의 반도체 회사가 GPU 발전을 선도하고 있으며 최근에는 중국 기업들이 인공지능 처리가 가능한

GPU 칩을 개발하여 자국의 제품에 탑재하기 시작했습니다.

IBM이 개발한 딥블루는 수퍼컴퓨터를 활용하여 140 GFLOPS Giga Floating Operations per Second 수준의 처리를 하였습니다만, 구글의 알파고는 1,202개의 CPU와 172개의 GPU를 사용하여 최소 86만 GFLOPS 처리가 가능한 수준인 약 6,000배로 성능이 증가하였습니다. GFLOP이란 1기가플롭GFLOP에 1초당 10억 회 연산 가능 처리속도를 뜻합니다.

GPU 기술이 인공지능 분야에 적용되어 만들어낸 효과를 단적으로 보여주는 비교가 스탠포드 대학교의 앤드류 응Andrew Ng 교수와 제프 딘Jeff Dean이 이끄는 구글 브레인Google Brain 팀의 작업입니다. 구글 브레인 팀은 2012년에 딥 러닝을 기반으로 하여 크기가 큰 픽셀Pixel로 이루어진 모자이크 이미지를 복원시키는데 성공하였습니다. 당시 이 작업은 3일에 걸쳐 이루어진 200×200 해상도(8×8 픽셀의 낮은 해상도)의 이미지 1,000만 개를 분석하는 방대한 작업이었습니다. 2012년 작업에 사용된 자원은 서버 1,000대, 약 50억의 비용, 필요 전력 60만 와트에 결과치인 인식률이 84.7%였던 반면, 동일한 작업에 GPU를 적용하면 GPU 가속화 서버 3대, 3,300만 원의 비용과 필요 전력 4,000와트를 사용하여 인식률은 96%로 향상시킬 수 있습니다. 이 사례를 통해 GPU 적용이 인공지능 기술의 발전에 어떤 기여를 하고 있는지를 단적으로 알 수 있습니다.

## 인공지능 기술의 발전 방향

이어서 인공지능 기술의 전체적인 발전 방향을 살펴보도록 하겠습니다. 인공지능 기술의 상용화를 위해서는 앞서 살펴보았듯이 인공지능 알고리즘의 지속적인 발전, 학습이 가능한 빅 데이터의 확보와 함께 GPU의 적용으로 대용량 정보의 빠른 처리가 주요 요소들입니다. 앞으로 인공지능 기술의 발전과 더불어 AI 기술이 상용화되고 난 이후의 발전 모습을 예상해보면 Technology 측면과 Application 측면으로 나눠서 볼 수 있습니다.

먼저 Technology 부분의 AI 발전 후 모습을 살펴보면 AI가 스스로 자신의 소스코드를 재작성하여 수동 개입을 없애며 스스로 발전시켜 나가는 상태에 도달하여, 현재 인공지능 기술의 발전 추세로는 AI 지능이 1년 반 안에 인간 지능 수준에 도달할 것으로 보는 사람도 있습니다. 또한 Multi-Domain, Task-oriented AI 솔루션이 진화하여 소프트웨어 & 물리적인 로봇의 긍정적 출현으로 이어질 것으로 보입니다.

Application 측면에서는 Decision-Making(의사결정), Risk Management(위험관리), Emotional Service(감정적 서비스)의 세 가지로 나누어 발전 모습을 예측할 수 있습니다. 의사결정의 순간에서는 과거의 사건을 학습하여 미래에 있을 복잡한 의사결정의 과정에서 AI가 의사결정 자동화를 가능하게 합니다. 사이버 공격, 금융

리스크 등과 같은 위험을 분석을 통해 미리 예측이 가능하게 되고 이에 따라 대응능력이 향상될 수 있습니다. 또한 고객상담, 심리상담 등 일상언어로 제공하는 감성서비스를 가능하게 합니다.

## 융합 기술

4차 산업혁명을 설명할 때 가장 많이 접하게 되는 용어 중의 하나는 '융합'일 것입니다. 융합에 대한 정의나 관점은 다양하게 이루어지고 있지만, 일차적으로는 기술과 기술의 융합이 이루어져 만들어지는 융합 기술이 있고, "융합은 산업에 대한 통찰력을 기반으로 산업과 기술을 결합하여 혁신을 통한 가치를 창출해 내는 것이다"라는 정의와 같이 기술과 산업의 융합이 있을 수 있습니다. 그리고 더 나아가서는 산업과 산업의 경계가 무너지는 산업 간의 융합도 4차 산업혁명의 특징 중의 하나라고 할 수 있습니다.

3차 산업혁명이 정보화 기술을 기반으로 정보 기술을 여러 산업에 활용하여 생산성을 향상시키고 비즈니스 모델을 바꾸어간 혁신이었다면, 4차 산업혁명은 3차 산업혁명의 기반 위에 다양한 스마트 기술이 산업과 융합을 이루며 만들어 간 산업간의 경계가 사라지고 '융합'되는 혁명이라고 볼 수 있습니다.

지금부터는 4차 산업혁명의 동인인 스마트 기술 중 융합 기술을 먼저 살펴보고 이어서 스마트 기술과 다양한 산업이 융합되어 만들어 가는 새로운 사례들을 살펴보도록 하겠습니다.

## 자율 주행

4차 산업혁명에 많이 인용되는 기술 중의 하나가 자율 주행 기술입니다. 그런데 자율 주행 기술은 어느 한 기술만으로 만들어진 것이 아니고 다양한 스마트 기술들이 융합되어 만들어진 융합 기술이며 AI의 발전과 함께 급속도로 진화해 가고 있습니다.

자율 주행 기술의 발전 단계는 4단계로 나뉘며 Level 1은 카메라와 센서 등을 이용해 자동차가 선택적으로 속도 및 방향을 컨트롤하지만 운전자의 지속적인 주시 및 조작이 요구되는 단계입니다. Level 2는 자율 주행 기능이 작동 중이라도 운전자가 지속적으로 전방을 주시하며 간헐적인 조작을 해야 하는 단계이며 이는 자동차가 속도와 방향을 스스로 제어하는 단계로 특정 상황에서 자동차는 다른 자동차들과의 간격을 판단하여 스스로 속도를 제어하는 것이 가능합니다. 테슬라의 '오토파일럿'과 최근 출시되는 자동차들 중 '주행 조향 보조 시스템LKAS'가 탑재된 제품들을 비롯해 대부분의 현재 출시된 자율 주행차가 Level 2에 속합니다. Level 3인 Limited Self-Driving Automation(부분 자율주행) 단계에서는 운전자의 개입이 현저하게 줄어들고 자동차 스스로 교통신호 인지와 교통의 혼잡도 정도를 파악할 수 있는 단계입니다. 앞을 가로막는 장애물을 인지하거나 교통 상황이 혼잡할 경우

가까운 길을 찾아 경로를 바꾸는 판단을 할 수 있습니다. Level 3 단계에서는 운전자에게는 간헐적 전방 주시 및 조작이 요구됩니다. 마지막 Level인 4 단계는 Full Self−Driving Automation 단계로 운전자가 가고자 하는 목적지만 설정하면 운전자는 아무런 행동을 하지 않아도 자동차 스스로가 모든 상황을 인식하고 판단하여 목적지에 도달할 수 있도록 합니다. 이때는 당연히 운전자의 주시 및 조작이 불필요하게 됩니다.

자율 주행 기술은 최근 자동차에 적용되기 이전에 개발되어 이미 어뢰(1918년), 미사일(1945년)에 사용되었습니다. 하지만 당시 어뢰와 미사일에 적용된 기술은 발사/출발 후 방향, 수심 등의 조정이 불가능하여 처음 발사 시에 정해진 경로대로만 움직이는 수준이었습니다. 이후 자동차에도 자율 주행 기능을 접목하려는 시도가 지속적으로 있었으나 그 수준은 운전자의 운전 기능을 보조해 주는 정도에 머물렀습니다. 하지만 최근 들어 자동차의 자율 주행 기능에 AI 기술이 접목되며 자율 주행 기능이 빠르게 향상되었으며, 2009년 구글의 자율 주행 연구를 시작으로 하여 2017년 우버가 자율 주행 차의 시범 영업을 진행하는 등 AI 기술이 접목된 자율 주행 기술의 발달을 확고하게 보여주고 있습니다. 운전 상황에 대한 자동차의 자체 인식이 불가능했던 과거와 달리현 기술은 운행 중 자동차가 스스로 복합적인 상황 판단을 하며 최적의 자율 주행을 가능케 하고 있습니다.

AI 외에도 자율 주행 기술의 발전에 크게 영향을 미칠 스마트 기술로는 곧 상용화가 이루어질 5G가 있습니다. 지금 자율 주행 기능을 가진 자동차들도 이미 IOT와 클라우드 기술들이 접목되어 자동차에 내장되어 있는 컴퓨터와 소프트웨어만이 아닌 후방의 자동차 회사 및 자동차 연계 서비스 회사와 모바일 통신으로 연결되어 자율 주행 기능을 보완하고 있습니다만 실 운전 상황에서 자동차가 직접적으로 상황 인식을 하고 통신을 통해 자율 주행 기능을 제어하기에는 현재 4G 통신 속도로는 지연 현상이 생겨 한계가 있었습니다. 하지만 5G 서비스가 본격적으로 도입되어 자율 주행 기능과 결합되면 통신 속도가 후방 센터에 있는 컴퓨터가 제어를 해서 사고를 막을 수 있을 정도로 충분히 빨라져, 통신의 지연 현상 때문에 지금까지 자율 주행 기능을 자동차에 모두 담아 출시를 해야 했던 한계를 극복하고, 자동차는 클라우드 센터와 통신을 하는 일부 기능만 가지고 클라우드 센터에서 자율 주행 기능을 계속 업그레이드하면서 자율 주행 서비스를 제공하는 사업 모델이 가능해질 수 있습니다. 지금 많은 사람들이 스마트폰을 가지고 다양한 클라우드 서비스를 받는 모델을 연상해 보면 이미지가 떠오를 것으로 생각됩니다.

자율 주행 기술을 이끌고 가장 많은 사례를 만들어 가고 있는 회사 중에는 구글이 가장 앞서 가고 있습니다. 구글은 2009년 첫 자율 주행의 시범을 보인 후 3년 후인 2012년에는 승객 탑승 주행을 시연하였습니다. 2016년에는 10억 마일의 모의 주행 거리를 돌파하여 자율 주행에서 발생하는 데이터를 지속적으로 축적해 가며 시행착오를 줄이기 위한 노력을 계속하고 있습니다. 2020년에 자율 주행 자동차의 상용화와 Level 3 단계의 무결점 AI를 목표로 하고 있습니다.

최근 들어 우버 택시와 테슬라의 자율 주행차가 몇 차례 사고를 내면서 자율 주행차의 미래에 비관적으로 보는 견해도 생기고 있습니다. 하지만 지금의 기술 발전 추세를 보면 자율 주행차는 큰 대세를 이루고 있고 적어도 5년이나 10년 안에는 지금의 한계를 극복하고 어느 정도 수준까지는 보편화 되는 단계에 이를 것으로 봅니다.

### 로봇

4차 산업혁명을 이끌고 있는 대표적인 융합 기술 중 하나는 로봇 기술입니다. 로봇은 사람의 모습을 가지고 사람과 같은 행동을 하는 것으로 SF 소설과 만화 등에서 소개가 되었습니다만 실제 우리 곁에는 공장의 자동화를 도와주는 산업용 로봇으로 일찍부터 자리 잡았습니다. 초기의 로봇 기술은 기계 장치와 소프트웨어에 의한 제어를 통해 인간이 원하는 기능을 하는 형태로 만들어져 발전이 되었으나 최근 들어 AI와 IOT 기술이 보편화 되면서 AI와 IOT 및 로봇 기술의 결합으로 범용적 작업 수행이 가능한 로봇으로 진화하였습니다.

로봇의 기술 발전 단계를 정리해보면 가장 첫 단계인 Auto-mation(자동화) 단계에서는 전자 제어 기술과 IT 자동화 분야의 발달과 함께 1964년경부터 산업 로봇이 만들어져 장기간에 걸쳐 산업 현장에서 공장의 자동화율을 향상시키는데 기여하였습니다. 그 다음 단계는 인간의 작업과 협업을 하는 단계로 21세기에 들어서 협동로봇Collaborative robot이 출현하였으며 현재 상용화되어 여러 분야에서 활용되고 있습니다. 다음 단계인 Locomotion(이동/보행)의 단계에서는 장소에 상관없이 자율적으로 이동하며 임무수행이 가능하도록 만들어진 로봇이며 그 예로는 군사용 스파이 로봇이 있습니다. 마지막 단계는 스스로 인지가 가능한 로봇이며 로봇 스스로 명확한 상황인지 판단이 가능한 수준입니다. 로봇경찰, 로봇 운동선수 등이 그 예시가 될 수 있습니다.

초기 단계의 단순한 기능을 가진 로봇 기술에 4차 산업혁명을 이끌고 있는 AI를 비롯한 새로운 스마트 기술이 접목되며 범용성이 확대되고 있습니다. 3차 산업혁명기까지는 로봇 기술의 한계로 미리 정해진 기능만을 수행하는 단일, 고정 기능을 가진 로봇이 주류를 이루었습니다만 4차 산업혁명 시대에 들어서는 AI, IOT, 빅 데이터 기술들과의 결합에 의하여 상황의 변화에 맞추어 다양한 기능을 수행하며 유연하게 대처해 가는 로봇으로 진화·발전하였습니다. 그 결과 앞서 살펴본 인더스트리 4.0의 CPSCyber

Physical System를 구현함에 있어 로봇이 필수적으로 활용되고 있습니다. 적용 분야도 제조 현장의 생산을 돕는 로봇 외에 인간과 협업하며 다양한 분야에 활용되는 로봇으로 발전하였습니다. 이와 관련된 로봇들의 종류로는 헬스케어Healthcare 분야의 가정용 로봇인 Pepper, 접객Hospitality 분야의 HOSPI가 있습니다.

최근에 스마트 기술을 활용하여 만들어진 로봇의 사례로 제조용 협업 로봇인 Baxter를 살펴보도록 하겠습니다. Rethink Robotics 사의 제조용 협업로봇인 Baxter는 휴머노이드(인간형) 로봇으로 학습과 진화가 가능하며 이를 통해 주어진 임무를 완수합니다. Baxter는 양팔을 보유한 로봇으로 인간과 비슷하게 눈의 깜빡임과 표정을 표현하는 스크린도 부착되어 있습니다. Baxter에게 인간이 팔을 잡고 움직이며 반복 학습을 시켜주면 해당 동작을 따라 하며 주어진 명령을 수행합니다. 즉, 사람의 경험과 로봇의 정교함이 결합될 수 있는 것입니다. 여기서 Baxter는 더 나아가 해당 동작을 스스로가 발전시켜 정교한 작업이 진행될 수 있도록 하기도 합니다. Baxter가 수행할 수 있는 역할은 물자 취급, 적재 및 하역, 제품 포장, 기기사용 보조 및 제품조합을 구성하는 역할 등 다양한 역할을 합니다. 또한 인간의 실수를 인지했을 때는 이때 생성되는 뇌파 신호를 수신하여 머신러닝 알고리즘으로 분석하고 자신의 행동을 수정합니다. 협업Collaborative로봇은 인력 대체 대신 보조역할을 하고, 위험을 감지하여 인간을 보호할 수 있다는 점,

다용도 기능으로 로봇을 추가 구매하는데 드는 비용이 불필요하고 손쉬운 기능 조작이 가능하다는 점과 학습능력을 보유하고 있다는 특징을 가지고 있습니다. 즉, Baxter는 인간이 고부가가치 업무에 집중할 수 있도록 해주는 로봇이라고 할 수 있습니다.

## AR/VR

증강현실Augmented Reality은 현실에 가상 환경이나 정보를 합쳐 3차원의 가상 물체나 추가적인 정보가 실제 환경에 존재하는 것처럼 보이게 하는 기술이며 얼마 전 많은 인기와 관심을 받은 '포켓몬 고'가 AR 기술을 보여주는 하나의 예입니다.

가상현실Virtual Reality은 특수 안경이나 장갑 같은 것을 활용하여 시각적, 청각적, 촉각적 같은 감각을 통해 가상 세계가 실제처럼 보이게 해주는 기술로 AR처럼 현실에 바탕을 두고 추가적인 정보를 주는 것이 아니라 완전히 가상의 세계를 만들어 보여주는 기술입니다.

가상현실은 컴퓨터 게임 같은 분야 이외에 여행 산업에서 많은 관심을 받았습니다. 시각적인 것에 크게 의존하는 관광은 가상현실 투어Virtual Reality Tour를 통해 사용자들이 어느 곳이던 여행할 수 있게 만들었습니다. 또한 숙소 선택이나 쇼핑 시에 유용하게 적용될 수 있습니다. 이처럼 증강현실과 가상현실은 흔히 떠올리는 게임 분야 이외에도 인테리어, 가구 업계 등 다양한 분야에서 다양한 방법으로 활용될 수 있습니다.

증강현실/가상현실은 다음의 3가지 요소 기술의 발전에 의해 진화하여 왔습니다. 첫 번째는 디바이스의 발전입니다. 1968년에 최초로 소개된 가상의 상황을 보여주는 HMD<sup>Head Mount Display</sup> 디바이스는 무게도 무겁고 보여줄 수 있는 정보의 양과 질에서 제한적이라 실용성이 많이 떨어졌습니다만 이후 컴퓨터 기술의 발전과 더불어 최근에는 크기도 작아지고 많이 가벼워졌으며 화상의 질도 거의 현실에 가까운 수준에 도달하였습니다. 두 번째는 통신 기술의 발전입니다. 모바일 통신 기술의 발달로 빠른 속도로 대용량 컨텐츠의 전송이 가능해 지면서 부자연스러웠던 가상 세계에서의 움직임이 거의 실 상황과 같은 모습을 보여주게 되었고 앞으로 5G가 상용화되면 이 분야의 기술 혁신은 더욱 빨라질 전망입니다. 세 번째는 AI 기술과의 접목입니다. AI 기술이 활용되기 전에는 가상 상황에서 미리 정해진 정보를 제공하는 수준에 머물렀습니다만, AI 기술이 활용되면서 실 상황의 물체를 디바이스가 실시간으로 인식하며 추가적인 정보를 제공하는 것이 가능해졌습니다. 이와 같이 AR/VR 기술은 디바이스, 네트워크, AI 등 여러 기술이 융합되어 구현이 되고 있으며 각 기술의 진화·발전과 더불어 앞으로 더욱 각광을 받는 분야로 성장할 것으로 전망되고 있습니다.

AR/VR은 다양한 산업의 미래에 혁신을 일으킬 것으로 보고 있습니다. 그 예로 알리바바는 가상현실 쇼핑 사이트인 '바이플러스(Buy+)'에 VR 결제를 결합한 모델을 선보였습니다. 바이플러스는 집 안에서도 쇼핑몰 내에 있는 것처럼 보여주고 쇼핑을 즐길 수 있도록 하는 VR 플랫폼입니다. VR 결제는 가상공간에서 손동작, 고개의 끄덕임 등의 간단한 행동만으로도 결제가 가능하게 합니다. VR 부동산 회사인 Matterport는 클라우드 기반의 3D 이미지 방식을 통해 집을 보러 온 이들에게 가상의 투어를 제공합니다.

AR은 앞서 언급한 포켓몬 고 이외에도 위치 기반의 증강현실을 적용해 위치 정보를 활용하는 등 일상생활에 편리함을 가져올 수 있는 기술입니다. AR은 우리 주변에서 생각보다 쉽게 찾아볼 수 있는데, 어린이들을 위한 TV 속 프로그램, 유아 교구 등 다양한 분야에서 적용되고 있습니다. 최신의 AR 사례로는 GE의 Smart Glasses 사용 사례가 있는데 Smart Glasses는 터빈 엔진 수리 기사에게 터빈의 수리에 필요한 정보를 안경을 통해 제공해 줌으로써 수리 작업의 정확도 향상은 물론이고 작업 속도 증가와 8~12%의 효율성 증대를 가능케 하였습니다. 그리고 구글 글래스를 활용하여 의사가 의료 서비스를 제공하는 사례도 발표되었습니다.

## 3D 프린팅

3D 프린팅 또한 4차 산업혁명의 큰 화두가 되고 있는 주제입니다. 3D 프린팅은 3차원 설계도를 활용하여 조각을 하듯 레이

저로 재료를 깎아내는 방식, 작은 입자를 스프레이처럼 뿌려서 만드는 방식, 3차원으로 소재를 쌓아가며 물체를 만드는 방식이 있으나 주로 세 번째 방식인 소재를 쌓아 올리는 방식이 많이 사용되고 있으며, 초기에는 완제품 출시 전 시제품을 제작하는 시간을 줄이기 위해 개발되었고 제조업에서 가장 활발하고 유용하게 사용되고 있습니다.

3D 프린팅 시장은 프린팅 기술의 발전 및 활용 소재가 다양화 되며 시장 규모의 확대가 가속화되고 있으며 2014년 가트너 보고서에 따르면 3D 프린팅 분야는 5~10년 이내 가장 시장 성장성이 높은 기술로 보고 있습니다. 현재 3D 프린팅 기술은 제조 현장만이 아니라 인공 뼈 및 관절을 만드는데 활용하는 의학 분야, 대량 생산이 아닌 개별 생산을 하는 자동차 외에도 항공, 건축, 물류, 패션 분야 등으로 활용 영역을 점차 넓혀 나가고 있습니다. 또한 3D 프린팅 기술의 발전에 따라 소비자들은 3D 프린팅을 활용하여 이미 만들어진 상품을 구매하기보다 자기가 원하는 제품을 직접 만들어 소비를 하는 주체적인 소비를 할 수 있게 됩니다.

3D 프린터 HW 성능의 발전은 정밀화, 대형화, 고강도화, 고속화 순으로 진행되고 있으며 활용 가능한 소재 또한 다양해지고 있습니다. 쉽게 볼 수 있는 플라스틱, 고무, 세라믹은 물론이고 금속과 생체 조직까지 다양한 소재로 활용 범위가 넓어지면서

3D 프린팅 시장은 더욱 확대될 것으로 전망되고 있습니다.

　3D 프린팅 기술을 활용하여 비즈니스 모델을 바꾸고 있는 물류회사 UPS의 예시를 살펴보겠습니다. UPS는 2016년 싱가포르에 3D 프린팅 팩토리를 건립하고 새로운 물류 서비스를 제공하기 시작했습니다. 고객이 필요로 하는 부품의 재고를 가지고 있다가 고객에게 배송을 하는 방식이 아니라 고객의 주문이 들어오면 그 때에 3D 프린팅 기술을 적용한 '온디맨드 프로덕션 플랫폼 On demand production platform'을 통해 기계 부품을 3D 프린터로 제조하여 UPS의 글로벌 물류 네트워크 및 아시아 역내 네트워크를 통해 이를 빠르게 배송할 수 있도록 하였습니다. UPS는 이 방식을 사용하여 공급망의 효율성을 높이는 것을 목표로 하고 있습니다. 부품이 필요할 때 3D 프린팅을 통해 부품 공급을 하는 방식은 기존 방식과 달리 24시간 내에 배송이 가능하다는 이점이 있습니다.

# 4차 산업혁명의 사례

# 04 Chapter

# 4차 산업혁명의 사례: 스마트 산업

이제부터는 스마트 기술과 산업의 융합: Smart Industry의 사례를 살펴보도록 하겠습니다.

## 4차 산업혁명 시대 산업

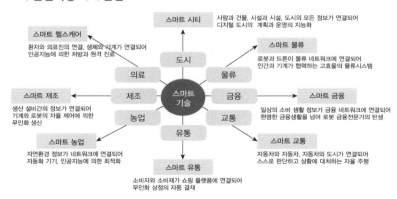

스마트 시티
사람과 건물, 시설과 시설, 도시의 모든 정보가 연결되어
디지털 도시의 계획과 운영의 지능화

스마트 헬스케어
환자와 의료진의 연결, 생체와 기계가 연결되어
인공지능에 의한 처방과 원격 진료

스마트 물류
로봇과 드론이 물류 네트워크에 연결되어
인간과 기계가 협력하는 고효율의 물류시스템

스마트 제조
생산 설비간의 정보가 연결되어
기계와 로봇의 자율 제어에 의한
무인화 생산

스마트 금융
일상의 소비 생활 정보가 금융 네트워크에 연결되어
현명한 금융생활을 넘어 로봇 금융전문가의 탄생

스마트 농업
자연환경 정보가 네트워크에 연결되어
자동화 기기, 인공지능에 의한 최적화

스마트 교통
자동차와 자동차, 자동차와 도시가 연결되어
스스로 판단하고 상황에 대처하는 자율 주행

스마트 유통
소비자와 소비재가 쇼핑 플랫폼에 연결되어
무인화 상점의 자동 결재

도시  물류  금융  교통  유통  농업  제조  의료

스마트 기술

스마트 헬스케어, 스마트 제조, 스마트 농업, 스마트 유통, 스마트 교통, 스마트 금융, 스마트 물류, 스마트 시티 등 총 8개의 분야로 나누어 각각의 사례를 함께 살펴보도록 하겠습니다.

## 스마트 헬스케어

### 존스 홉킨스 대학

첫 사례는 존스 홉킨스 대학에서 진행한 Cyber Physical System을 활용해 신체 구조를 파악하여 팔이 없는 환자에게 생각만으로 양팔 동시 제어가 가능한 로봇 팔을 제작한 사례입니다.

이 작업은 패턴 인지Pattern Recognition 시스템으로 시작하는데, 이는 가슴 근육을 활성화하기 위해 알고리즘으로 근육 활동 정보를 찾아 분석하고 이를 실제 움직임으로 전환시키기 위한 것입니다. 다음으로 3D 스캔 기술을 활용해 환자의 몸을 스캔하여 몸에 입힐 소켓Socket을 제작합니다. 소켓이 제작되는 동안 연구팀은 다음 단계인 가상현실 시스템Virtual Reality System을 활용하여 생각만으로 의수를 움직일 수 있도록 하는 훈련 시간Training Session을 가졌습니다. 이는 의수 착용 후 나타날 수 있는 실제 상황을 대비하기 위해 진행되었습니다. 이후 몇 가지 추가 사항을 보완시킨 소켓이 도착했을 때 소켓에는 로봇 의수가 붙여져 있었고 환자는 소켓 착용 후 생각하는 것만으로도 의수를 원하는 방향으로 작동시킬 수 있었습니다. 어깨, 팔꿈치 등 팔 상체 부분에 해당하는 의수의 모든 부분을 움직이게 할 수 있지만 현재 기술력으로는 모든 부분을 한 번에 작동시키는 것이 아니라 팔, 어깨, 손 등과 같이 단계별로 움직일 수 있도록 생각해야 하며 중간 중간 휴식을 취해야 합니다. 환자는 손가락을 섬세하게 움직이며 동그란 컵을 잡을 수 있고 공을 쥐며 원하는 위치에 놓기도 합니다. 즉, 사람이 생각하는 것만으로도 양팔에 대한 동시제어가 가능하도록 한 로봇 의수를 제작하였습니다. 환자의 신체 구조 및 근육을 파악해 신경과 연결시킨 후 사용 방법에 대한 훈련을 한 뒤 신체에 부착하게 되는데 일상 활동에 대한 시험을 하면서 의수를 통해 진동 및 촉감 등의 신경 전달이 이루어지고 이때 머리 속의 명령과 의수의 상호작용이 원활할 수 있도록 가상훈련을 계속합니다.

기술적인 측면에서 보면 3D 스캔 기술을 통해 착용자의 신체 구조를 검사하고, VR 기술을 이용하여 실사용 전 모의훈련 진행을 합니다. 이후 디바이스와 로봇을 접목시킨 의수를 제작하고 빅 데이터와 로봇을 접목시킨 머신러닝을 활용하여 사용자 맞춤의 학습을 가능하게 합니다.

이 사례를 통해 우리가 얻을 수 있는 시사점은 의수 사용 전 VR Training을 통해 보완점을 파악하고, 실제 팔의 기능과 용도에 맞추어 로봇을 제작한다는 점이 있습니다. 또 의료산업 CPS의 "Physical"은 신체적 요소까지 포함해야 한다는 점을 알 수 있습니다.

## IBM Watson

다음은 환자 중심의 의료 생태계를 조성한 IBM의 Watson 사례입니다. IBM이 만든 왓슨Watson은 AI가 적용된 슈퍼컴퓨터로 인간의 언어를 이해하고 의사결정을 하는 데에 최적화 되어 있습니다. 2011년 미국의 퀴즈 프로그램인 Jeopardy 쇼에서 우승을 하며 인공지능 슈퍼컴퓨터로써의 기능을 보여주었습니다.

의료 분야에서 왓슨은 건강 정보 관리와 의료 이해 관계자를 연계하여 환자 중심의 의료 환경을 제공하며, 유전정보에 기반을 둔 암 치료, 환자 의료정보를 취합하거나 활용하기, 제약회사의 신약개발, 개인 맞춤형 임상처방을 하는 기능이 제공됩니다.

이 사례를 기술적인 측면에서 보면 임상 실험, 희귀 질환 등의 최신 의학 정보를 빅 데이터를 활용해서 의료진에게 제공하며, 모든 이해관계자 간 환자의 건강정보를 모든 이해 관계자에게 안전하게 전달한다는 점에서 클라우드 기반의 건강 정보 관리가 제공되고 있음을 알 수 있습니다. 또한 각 환자에게 가장 적합한 약물, 치료방법 등을 추천하는 것은 빅 데이터와 AI의 기술이 합쳐져 맞춤형 치료를 하는 것으로 이해할 수 있고 환자의 특성을 파악하여 퇴원 후 회복 계획의 관리에는 빅 데이터와 AI 기술을 접목하여 특성에 맞는 사후관리를 하고 있습니다.

여기서 Watson이 시사하는 특징은 의사, 연구원, 환자 등 다

양한 이해관계자들에게 편의제공이 가능하다는 점과 치료의 전
과정에서 종합적이고 맞춤형의 관리가 가능하다는 점이 있습니
다. 또한 의사의 대체가 아닌 의사들을 위한 보조 시스템이 되는
것이 Watson이 가지는 최종목적임을 알 수 있습니다.

### Avizia

Avizia는 언제, 어디서든 제공되는 의료 서비스입니다. Avizia
가 제공하는 원격 건강관리Telehealth는 미국에서 높은 성장을 보일
것으로 전망되는 분야입니다. 원격 건강관리는 환자, 의료진과
의료기기가 연결된 원격 진료 서비스를 말합니다.

현재 미국 원격 건강관리 시장은 2013년 2억 4,000만 달러를
기점으로 2018년에 19억 달러, 2020년에는 28억 3,000만 달러의
규모로 크게 성장할 것으로 예상하고 있습니다. 원격건강관리의
시장이 이렇게 성장하고 있는 원인은 미국의 넓은 땅에 인구가
분산되어 있는 지리적 특성과 노령 환자들의 재택 진료 선호 및
모바일 기기의 사용량 증가가 크게 작용하였습니다. 미국 정부는
원격 건강관리 자원센터TRC, Telehealth Resource Center를 운영하며 각
종 정보 제공과 기술 개발에 힘쓰고 있습니다.

2013년에 설립된 Avizia는 환자와 의사를 연결하는 의료 서비스
를 환자의 모바일 폰에서도 접속이 가능한 간편한 플랫폼 형식의
서비스를 제공하고 있으며 이 서비스는 녹음과 전송이 가능한 디지

털 청진기와 Mobile Service 및 모바일 진료 상담과 원격 약물처방이 가능한 Telemedicine Cart 간의 연결을 가능하게 합니다.

현재 Avizia는 뇌졸중, 행동 건강, 만성 질환, 소아과, 응급실 등의 분야를 다루고 있으며 Telehealth 플랫폼을 통해 효율적인 원격 건강관리를 제공하고 통합되고 효율적인 의료서비스를 제공합니다. 또한 모바일 어플리케이션 개발을 통해 환자들에게 어디서나, 언제든지 편리하고 안전한 의료 서비스 제공을 가능하게 합니다. 환자들은 가상의 케어 기기를 통해 멀리 떨어진 의사와 가상 진료가 가능하게 됩니다. Avizia는 Telehealth Tablet, Telehealth Carts, Telemedicine Peripherals(텔레메디슨 주변 장치)이라는 기기들을 통해 서비스를 제공하고 있습니다.

기술적 측면에서 바라보면 디지털 청진기를 활용해 심박수 녹취, 전송, 분석 등을 통해 원격진료의 품질을 향상시키며, 또한 클라우드를 기반으로 화상통화, 채팅 기능의 제공과 함께 환자정보의 열람이 가능하게 하며, 모바일을 활용한 스마트폰 화상통화, 채팅으로 의료 상담이 가능하며 모바일과 디바이스를 접목시켜 원격 처방이 가능하게 하고 있습니다.

Avizia의 원격 건강관리Telehealth 서비스가 시사하는 바는 이제 의료서비스를 제공하는 과정의 물리적 제약이 없어졌다는 점입니다. 또한 DeviceHW와 PlatformSW을 모두 활용하여 의료 서비스의 비용 절감 및 품질의 향상이 가능하게 되었습니다.

## AI 수퍼 닥터

AI 기술을 암 진단에 활용한 시도는 여러 해 전에 IBM이 개발한 왓슨과 미국 텍사스 주의 MD 앤더슨 암센터 사이에 혈액암 진단과 치료 방법의 개발을 위해 공동 프로젝트를 진행하여 주목을 받았고 그 이후로 우리나라에도 이 왓슨이 소개되어 이미 여러 병원에서 활용 중에 있습니다. 이외에도 최근 들어 더욱 활발하게 인공지능 기술을 활용하여 암 진단에 사용하는 프로젝트가 세계 각국에서 이루어지고 있습니다.

런던 도심에 자리 잡은 구글의 영국 사옥에서는 이세돌과의 바둑 대국에 사용된 알파고를 개발한 구글의 AI 자회사인 딥마인드와 영국 임페리얼 칼리지의 연구팀이 2017년 11월부터 알파고에서 진화된 AI 알파 제로에게 영국 보건 서비스NHS에 저장된 유방암 환자들의 유방 엑스레이 사진 7,500장을 이용해 환자와 질병 진행 정도에 따라 제각각인 종양 형태를 학습시키고 있습니다. 임페리얼 칼리지 런던은 이 과정을 반복하면 AI는 미세한 음영이 암의 징후인지 아니면 단순한 그림자인지를 파악할 수 있으며 이 방법을 통해 조기진단 정확도를 높이는 동시에 조직검사 같은 불필요한 과잉진료도 막을 수 있는 기술이라고 설명하고 있고 2018년 연말까지 실제 의료 현장에 투입할 수 있는 유방암 전문 의사를 개발하는 것이 연구팀의 목표라고 합니다.

또한 미국 텍사스대 연구팀은 환자의 얼굴, 목 부분을 찍은 CT와 엑스레이 영상을 보여주면 정확하게 암 세포만을 구분하는 AI 프로그램을 개발했습니다. 뇌 암이나 후두암 수술은 정확하게 암 세포만을 잘라내야 하는데 자칫 주변 조직이 손상되면 운동 능력이나 발성에 돌이킬 수 없는 장애가 생길 수 있고 반대로 암 세포가 일부라도 남으면 전이가 생기기 때문입니다. 텍사스대 연구팀은 MD 앤더슨 암센터 환자들의 치료 기록을 AI에 학습시켜 AI가 암 환자의 영상에서 암세포와 정상 세포의 경계를 명확히 구분하고 표시할 수 있게 하였습니다. 이러한 AI 분석 결과를 활용하여 수술이나 화학 요법을 실시하면 치료 효과를 높이는 동시에 부작용도 줄일 수 있다고 합니다.

일본 히타치 제작소는 환자의 엑스레이 영상과 소변 검사 기록을 분석해 전립선암을 진단하는 AI 시스템을 만들었습니다. 이 AI는 히타치 종합병원에 축적된 전립선 암 환자들의 연령, 전립선 형태, 소변 속 백혈구 숫자 등을 종합적으로 분석한 뒤 스스로 전립선암 진단 기준을 만들어 냈습니다. 시험 결과 AI 의사의 전립선암 진단 정확도는 70%로 조직 검사를 이용한 진단의 정확도 52% 수준보다 높았습니다.

일본 쇼와대 모리 유이치 교수 연구팀은 딥러닝을 이용해 초기 결장암을 86%의 정확도로 진단하는 AI 프로그램을 만들었다고 발표했습니다. 결장암은 자각 증상이 거의 없고 영상검사로는 잘 발견되지 않아 치사율이 높은 난치 암 중의 하나입니다. 이 기술에 대해 미국 경제전문지 포브스는 시간과의 다툼이 무엇보다도 중요한 결장암 치료의 판도를 바꿀 수 있는 기술이라고 보도했습니다.

AI 의사의 기술 우수성은 일반 의사와의 비교를 통해 입증되고 있습니다. 독일 하이델베르크대 의대와 미국 슬로언 케터링 암센터 등 국제 공동 연구진은 자체 개발한 피부암 진단 AI와 17개국 58명의 피부과 전문의와 진단 정확도를 비교한 실험을 하였습니다. 100장의 피부 사진을 양쪽에 보여준 결과 AI의 피부암 진단 정확도는 95%인 반면 일반 피부과 의사들은 86.6%였습니다.

**피부암 진단 정확도 95%… AI, '수퍼 닥터'로 진화**

인공지능 의료 시장의 급성장
단위: 달러

2014년
6억3380만

2021년
66억6220만달러
연평균 40% 성장

자료: 시장조사 업체 프로스트&설리번

수퍼 닥터로 진화하는 인공지능(AI)

| | |
|---|---|
| 구글 딥마인드 (미·영) | 영국 임페리얼 칼리지 런던과 유방암 진단 전문 AI 개발 중 |
| 텍사스대 (미) | 의료 영상에서 암과 정상세포를 구분하는 AI 공개 |
| 히타치제작소 (일) | 엑스레이 사진과 소변 검사로 전립선암 진단하는 AI 개발 |
| 쇼와대 (일) | 딥러닝(심층학습) 통해 결장암 찾아내는 AI 프로그램 발표 |
| 닥터 앤서 (한국) | 산학연 연합으로 2020년까지 한국인에 최적화된 AI 개발 |

출처: Getty Images Bank

전문가들은 AI 의사의 발전 가능성이 무궁무진하다고 봅니다. 사람 의사는 양성에만 10년 가까운 시간과 엄청난 비용이 필요하고 능력도 천차만별입니다. 하지만 AI는 데이터만 충분히 입력하면 항상 동일 수준의 능력을 발휘할 수 있고 한꺼번에 많은 사람을 동시에 진단할 수 있는 장점이 있습니다.

한국에서도 최근 AI 의사 개발을 시작하였습니다. 정부와 서울 아산병원 AI 스타트업인 카카오 브레인 등이 2018년 4월부터 의료용 AI인 "닥터 앤서Dr. Answer"를 개발하고 있으며 진단 정보, 의료 영상, 유전체 정보 등 한국인에 최적화된 의료 빅 데이터를 기반으로 진단과 치료 방법을 알려주는 시스템을 개발하는 것이 목표입니다. 같은 질환이라도 인종, 거주 지역, 건강 상태 등에 따라 증상이 모두 다르기 때문에 한국인의 의료 정보를 활용한 한국인에 최적화된 AI의사의 개발에 대한 기대를 받고 있습니다.


## 스마트 팩토리: Adidas

다음 사례는 스마트 팩토리의 사례로 아디다스의 스피드 팩토리Speed Factory입니다.

아디다스의 스피드 팩토리는 독일 안스바흐 근처에 있는 로봇으로 스포츠화를 생산해 내는 공장이며 사람의 손이 아닌 오로지 기계로만 제품을 생산해내는 최첨단 디지털 기술을 구현한 지능화 공장입니다. 또한 아디다스의 스피드 팩토리가 소비자 중심의 맞춤형 제품 생산이 가능하다는 점은 제조업의 패러다임을 바꿀 것으로 기대되고 있습니다.

아디다스는 지능화 공장을 통해 생산에 필요한 인력/시간을 급진적으로 감소시킬 수 있었습니다. 해외에 있던 기존 공장에서는 600명이었던 생산직 인원이 Speed factory에선 10명만 필요하고, 생산에 소요되는 시간 또한 18개월에서 5시간으로 감소시킬 수 있습니다. 고객의 주문이 들어 올 때 바로 생산에 들어가게 되는 맞춤형 시스템인 스피드 팩토리는 최종 고객과 가까운 곳에서 고객의 니즈를 맞출 수 있으며 신발의 윗부분은 로봇이, 밑창은 3D 프린팅 기술이 접목되어 맞춤 생산을 가능하게 합니다.

기술적인 측면에서 스피드 팩토리를 살펴보면 스마트 기술이 복합적으로 활용되었다고 볼 수 있습니다. 먼저 빅 데이터, AI를 활용한 상품 기획과 클라우드 기반의 PC, 모바일 주문 시스템, 주문이 접수되면 로봇 및 3D 프린트를 활용해 고객 맞춤 제품을 제작합니다.

최첨단 스마트 기술로 구현한 지능화 공장이 주는 시사점은 소품종 대량생산 체제에서 벗어나 소비자 중심의 다품종 대량생산이 가능하게 되었다는 점입니다. 또한 노동집약적인 제조 산업에서 데이터 기반의 기술 집약적인 산업으로 제조 산업이 바뀌고 있음을 보여주고 있고 해외 공장의 국내 이전이라는 사회 변화가 일어나고 있음을 알 수 있습니다.

## 스마트 농업

농업은 인류의 역사와 같이 해 온 전통적인 산업으로 생산성 향상을 위해 인간에 의한 작업도 중요하지만 자연 환경의 영향을 더 크게 받는 산업으로 새로운 기술의 적용이 제한적이었습니다. 하지만 농업에도 스마트 기술의 적용을 통해 생산성 향상을 하려는 시도가 이루어지고 있고 조만간 농업 분야도 스마트 기술과 융합된 새로운 사업 모델이 등장할 전망입니다.

### 블루리버 테크놀로지

다음 사례는 사람보다 빠르고 똑똑하게 농사를 지을 수 있도록 하는 블루리버 테크놀로지의 See & Spray 기술입니다. Blue River technology 사에서 개발된 이 기술은 농기계가 밭을 돌아다니며 잡초와 농작물을 구분하여 잡초에게만 제초제를 뿌립니다. 이 기술을 개발한 개발자들은 농기계 개발을 위해 농부들이 농사의 각 단계에서 사용하고 있는 도구들을 살펴보았습니다. 한 가지 발견한 사실은 농부들이 각 단계에서 적절한 도구들을 '선택'하여 용도에 맞게 '다듬는' 작업을 필수로 거친다는 점이었습니다. 즉, 어떤 농작물에 어떤 작업을 진행할지 판단하고 도구를 선택Sense & Decide

하여 농작물을 관리하고 잡초에 제초제 살포Act의 작업을 하고 있었습니다. 이러한 프로세스를 파악한 개발자들은 작업의 효율성을 높이기 위해 기계에 AI 기술을 적용시키게 됩니다.

See & Spray 기술은 농작물을 촬영하는 카메라가 두 대씩 달려 있어 카메라를 통해 잡초인지 농작물인지 바로 식별하여 필요한 양의 제초제를 잡초에 일정량 분사하게 합니다. 즉, 잡초 또는 농작물을 보고See 기계 스스로 판단한 후Think 제초제 분사 여부Spray or not를 판단하게 되는 것입니다. 분사기가 설치된 쪽에는 잡초가 어디에 위치하던 분사될 수 있도록 섬세한 분사기들이 무수하게 설치되어 있습니다. 또한 농기계의 빠른 일 처리와 사람의 식별 능력을 접목시킨 기술이기 때문에 시간과 정확성 두 마리의 토끼를 잡았다고 볼 수 있습니다. 이 기술을 통해 50% 이상 낭비되던 제초제를 절약하고 제초 작업의 자동화와 무인화를 가능하게 하였습니다. 이 기술로 상추 밭의 잡초를 제거하고 옥수수 밭 전체를 작물 단위로 3D 스캔을 진행할 수도 있습니다. 또한 See & Spray는 살포된 제초제를 평가하여 변경이 필요한 사항에 대해서는 변경 조치를 취해 기계의 능력치를 향상시킵니다.

기술적인 측면에서 보면 이 사례는 컴퓨팅 기술, 빅 데이터와 IoT를 접목한 Computer Vision을 활용하여 빠르고 정확한 농작물 검사가 가능하게 하였습니다. 또한 AI를 활용해 농작물에 최적화된 관리 방안을 결정하여 효율적인 농작물 관리를 하였고 로봇으로 자동화 및 무인화 하여 수작업을 대체할 수 있게 하였습니다.

Blue River Technology의 농기계가 시사하고 있는 점은 농기계와 인공지능을 접목시켜 지능화된 경작 관리를 가능하게 했다는 점이며, 또한 농작물의 품질 및 수확량 관리의 최적화와 효율화를 통해 똑똑한 농사 작업 및 무인 농업화의 시대를 열었다는 점이 있습니다.

## 구글의 인공지능

구글의 연구소 X는 이미 보편화된 기술이 아닌 상상 속의 기술을 연구하여 상용화를 시도하는 미래 기술의 연구소로 유명하며, 대기권에 거대한 풍선을 띄워 오지를 포함한 전세계를 인터넷망으로 연결하겠다는 프로젝트 "룬", 무인 항공기를 이용해 물건을 배송하는 프로젝트 "윙" 등이 그 사례로 꼽힙니다. 전통적인 산업인 농업 분야에도 구글의 연구소 X가 구글의 인공지능 기술을 활용하여 신 개념의 식량 개발을 주도하고, 빅 데이터를 활용한 농업 플랫폼을 구축하려는 프로젝트를 진행하고 있습니다.

첫 번째 시도는 농사에서 발생하는 방대한 반복 처리 작업을 자동으로 처리하고자 하는 프로젝트로, 수 만평의 토마토 농장에서 잘 익은 토마토를 일일이 감별하고 균에 감염된 나무를 확인하는 일이 농부가 하기에는 현실적으로 어려워 토마토의 수확 시기를 감으로 추측해 결정하거나 살균을 위해 농장 전체에 농약을 살포해야 하는 한계를 극복하기 위해, 드론과 로봇, 그리고 빅 데이터 기술을 적용하여, 드론으로 농장의 이미지를 반복 촬영하여 축적된 데이터를 빅 데이터로 분석을 하고, 그 결과를 가지고 로봇을 농장에 투입하여 카메라로 작물의 이미지를 분석하여 잘 익은 토마토만 골라 수확을 하고 감염된 작물에만 선택적으로 농약을 살포하는 프로젝트를 진행 중입니다.

두 번째 프로젝트는 식량 생산에 영향을 미치는 기후 변화를 분석해 해충이나 재해를 사전에 차단하거나 농산물 수급의 사전 예측을 통해 리스크를 관리하려는 시도입니다. 빅 데이터와 AI를 활용하여 다른 지역에 출현한 해충 떼의 확산 범위와 도달 시기를 사전에 예측하여 대책 마련을 함으로써 피해를 최소화 하고, 다른 농장의 농산물 공급량을 사전에 예측하여 미리 생산량을 조절하여 가격 급등락에 따른 손실을 최소화 하는 등 농업 활동에서 발생하는 다양한 상황에 대응하기 위한 정보를 제공하고 의사결정의 보조 역할을 하는 기능을 만드는 프로젝트입니다.

세 번째 프로젝트는 구글이 딥러닝 기술을 활용하여 데이터 센터의 냉각 시스템을 최적화하여 데이터 센터 내 에너지 소비량을 40% 절감한 기술을 농업의 관개 시스템에 적용하여 물 소비량을 줄이면서 기존 생산량을 유지하려는 시도입니다(출처: 세리시이오, 산업 전망대, 구글 AI, 미래 농업 바꿀까?).

## 인공광 스마트팜

전통적인 농업에 스마트 기술을 더한 스마트 팜은 센서를 통한 맞춤형 환경조성과 IOT 기술 기반의 스마트 기기 제어를 통해 최소의 비용으로 농작물 재배를 가능하게 하는 시스템을 말합니다. 스마트 팜은 센서를 통하여 재배 시설의 온도와 습도를 측정하고, 결과에 따라 환풍기, 냉 난방기 같은 기기를 가동해 작물이 가장 잘 자랄 수 있는 환경을 조성해 줄 수 있습니다. 과거의 농업에서는 기후 변화, 토양/수질 오염 등 외부 환경의 영향이 작물 재배에 절대적인 영향을 미쳤지만, 스마트 기술의 접목으로 이러한 외부 환경 변화에 구속되지 않고 가장 적합한 환경에서 안전하고 깨끗한 농산물 생산을 가능하게 하였습니다.

스마트 팜은 주로 온실이나 비닐하우스 같은 실내 재배 시설에 적용되며, 실제로 상용화된 미국 에어로팜, 보스톤 Freight Farms 의 경우에는 별도의 컨테이너를 재배시설로 만들어 작물 재배를 하고 있습니다.

이렇게 스마트 기술 접목에 따른 농업환경의 변화로 스마트 팜을 운영하는 농부의 역할 또한 변화하게 되었습니다. 과거 전통적인 농업 환경에서는 직접 농장에 나가 작물 상태를 본 뒤 물을 뿌리거나 비료를 줘야 했지만, 스마트 팜 환경에서는 기계가 센서를 통해 데이터를 수집하여 물을 주거나, LED 인공광 등을 사용하여 광합성이 가능하게 빛을 조절하는 등 자동으로 대부분의 일을 수행하고 있습니다. 이렇게 스마트 팜을 운영하며 센서를 통해 모아진 데이터들은 향후 빅 데이터 분석을 통하여 작물의 특성을 반영하여 작물 별 필요한 최적의 환경(인공광, 온도, 습도 등)을 제공하고 IOT 기술을 사용하여 모든 환경적 요소들을 자동관리할 수 있습니다.

이러한 스마트팜 운영을 통해, 별도의 환경적 제약 없이 농산물 생산이 가능하며, 더 나아가 스마트 팜에서 발생한 모든 데이터는 클라우드 기술을 통하여 저장 및 활용되어 지고 스마트 팜 운영에 있어 선순환적인 데이터 활용이 가능하게 됩니다.

이와 같이 스마트팜 서비스 사례는 스마트 기술과 농업의 접목을 통하여 환경적 제약 없는 농산물 생산, 작물에 최적화된 자동화 관리 등의 작물재배 환경을 구현하였으며, 이를 통해 농산물 생산에 필요한 인건비, 토지매입비 등 추가적인 비용절감이 가능하게 된 긍정적인 효과를 가져왔습니다.


## 스마트 유통: 아마존 고

온라인 유통 업체 아마존에서 시도한 "아마존 고"는 오프라인 식료품 매장에 스마트 기술을 적용하여 무인점포를 구현한 사례로 아마존의 시애틀 본사 1층에 오픈하였습니다. "아마존 고"는 스마트폰의 앱을 켜서 본인의 계정을 인증할 수 있는 QR코드를 확인하고 매장에 들어가게 되면 쇼핑을 하는 동안 자동으로 고객을 인식하며 매장 선반에 있는 원하는 제품을 담고 별도의 계산 절차 없이 매장을 나오면 계정에 등록되어있는 신용카드로 자동 정산이 이루어지는 시스템입니다.

"아마존 고"의 최초 개발자는 마트의 계산대에서 줄을 서서 기다리는 불편함을 극복할 방안을 고민해왔고, 아마존의 클라우드 플랫폼을 활용한 무인정산 시스템을 고안하게 되었습니다. 고객의 점포 입장부터 퇴장까지 이어지는 모든 행동을 추적하여 계산원이 필요 없는 무인 마트를 운영하는 방안을 생각하였고, 이러한 생각은 컴퓨터 비전, 딥러닝, 센서퓨전 기술과 같은 기술의 융합으로 구현할 수 있었습니다.

"아마존 고" 기술은 매장 천장에 고객의 행동을 추적할 수 있는 카메라들이 설치되어 있고 카메라들이 고객의 이동 동선뿐만이 아니라 고객이 물건을 들고 내려놓는 행동들을 정확하게 인식하여 자동 정산에 반영하는 시스템입니다.

이러한 "아마존 고" 서비스는 입장과 동시에 진행되는 모바일 앱을 통한 간편인증 기술, 쇼핑 중 사용되는 수백 대의 카메라 센서가 고객의 움직임과 행동을 인식하는 "저스트 워크아웃 테크놀로지", 이렇게 수집된 데이터를 활용하여 고객의 퇴장 시 자동적으로 결제 금액을 청구하는 무인 자동 결제 시스템 등 무인 마트 운영에 필요한 모든 기술을 구현하였습니다.

"아마존 고"는 컴퓨터 비전과 머신러닝을 넘어 스마트 기술간의 융합, ICT 산업과 타 산업(유통 산업)의 융합으로 이어진 대표적인 사례입니다. 이를 통해 아마존은 단순 온라인 쇼핑몰을 넘어 O2O^Online to Offline, Offline to Online 서비스를 활용한 새로운 비즈니스 모델을 제시하였습니다.

## 스마트 교통

스마트 교통과 관련된 기술은 주로 자율 주행 기술을 중심으로 사례와 기술이 개발되고 있으며 자율 주행 기술은 아직 개발이 진행 중인 기술이지만 앞으로 많은 응용 사례와 사업 기회가 만들어질 분야로 주목받고 있습니다. 자율 주행 기술의 개발과 응용 사례는 구글이 앞장서서 만들어 가고 있습니다만 구글 사례는 이미 앞에서 소개하였기 때문에 여기에서는 자율 주행 기술을 활용한 다른 몇 가지 사례를 소개하고 이어서 V to X 기술 사례를 소개하도록 하겠습니다.

### OTTO

OTTO(오토)는 일반 트럭을 자율 주행 트럭으로 만들어 주는 장비를 개발하는 업체로 2017년 6월 우버가 인수하여 자율 주행 트럭 사례를 구현하였습니다. 오토가 개발한 자율 주행 트럭은 버드와이저 맥주 2,000상자(51,744캔)를 싣고 25번 고속도로를 통해 120마일(약 198km)을 주행해 첫 화물 배송을 무사히 마쳤습니다. 실제 자율 주행을 수행한 차량은 볼보의 트럭으로 오토의 자율 주행 장비를 장착했고 일반 도로와 고속도로 진입 등 일부 구간을 제외한 약 100마일(약 160km)을 운전자의 조작 없이 달렸습니다.

　자율 주행차의 자율성 레벨은 미국 도로교통안전국NHTSA, National Highway Traffic Safety Administration과 자동차 기술자협회SAE, Society for Automobile Engineers가 레벨 0에서부터 레벨 4까지 총 5단계로 구분하고 있으며, 레벨 4단계의 자율성을 확보한 자율 주행차는 운전자 개입이 없는 완전 자율 주행 수준을 의미합니다. 오토가 성공한 레벨 3의 제한적 자율 주행은 운전자가 전방을 주시해야 하는 의무는 있지만 고속도로와 같은 특정 도로 주행 시 운전대나 가속 페달을 수동조작하지 않아도 될 정도의 수준을 가지고 있는 기술이며, GPS, 네트워크, 클라우드를 활용한 경로 관리 및 통제 기술과 카메라, 레이더, LiDARLight Detection And Ranging 등의 센서와 IOT, 네트워크, 클라우드 기술 그리고 AI를 융합해서 상황을 인지하고 판단하는 기술, 판단 결과를 IOT와 결합한 차량의 디바이스를 조작하는 기술들을 융합함으로써 고속도로 자율 주행에 성공하였습니다.

　OTTO의 사례가 자율 주행 자동차의 다른 사례와 차별화 된

점은 오토의 자율 주행 장치는 기존 차량에 자율 주행 장비를 장착하는 방식으로 기술 상용화 부분에서 많은 이점을 가지고 있다는 것입니다. 또한 레벨 3의 자율 주행 수준으로 특정 도로에서 교통 환경을 인지하고 차량 운행 조작을 하여 교통 최적화 기능을 구현한 사례이며, 차량과 차량의 연결을 넘어 차량과 교통 환경과의 연결을 통한 교통 최적화를 가능할 수 있게 하는 시도로 그 의미를 갖습니다.

### 현대차 - Xcient

현대 자동차에서 대형 트럭 엑시언트를 활용하여 운전자 없이 군집 주행을 수행할 수 있는 자율 주행 기반 군집화 기술 사례를 만들었습니다. 트럭의 군집 주행이란 차량 간 통신V2V, Vehicle to Vehicle으로 연결된 2~5대의 차량이 고속도로에서 함께 줄지어 주행하는 방식으로 트럭의 플래투닝Platooning이라고도 불립니다. 트럭의 군집 주행을 구현하기 위해서는 차량과 차량V2V, Vehicle to Vehicle을 네트워크 통신 기술로 연결할 수 있어야 하며, 연결된 통신기술을 통해 실시간으로 차량의 위치를 파악하여 차량 간격을 조절하거나, 차선 이탈 문제 등 자동차를 통제할 수 있는 제어 기술을 필요로 합니다. 실제로 현대 자동차의 트럭 엑시언트는 2016년에 볼보 등과 함께 유럽 횡단 군집 주행 테스트를 수행하였으며, 군집 주행의 운행 방식은 선두 차량이 속도를 줄이거나 올리면 뒤따르는 차가 선두차량의 속도에 맞추어 차간 거리를 유지하며 주행하고, 주행 시 차선을 유지하는 차선 이탈 방지 기술을 구현하였습니다. 또한 트럭에 부착된 센서를 기반으로 타 차량의 차로 변경 및 끼어들기 행위를 인식하여 군집 주행 중인 트럭과 트럭의 차간 거리를 조정할 수 있는 기능 구현을 완료하였습니다. 이러한 군집 주행을 물류운송 서비스 이용할 때 발생하는 효율성은, 선두 차량의 경우 1~8%, 뒤따르는 후행 차량은 8~13%씩 평균 10% 정도 연비가 향상되어 유류비 절감을 할 수 있습니다. 또한 단순히 차량 주행만을 책임지던 운전자는 군집 주행으로 인해 차량 주행 시 운전 이외의 다른 업무를 겸할 수 있어 일반 운전자에서 군집 주행 차량을 관리·운영할 수 있는 운송매니저로 역할이 바뀔 수 있게 되며, 이는 곧 운송 노동력 대체에까지 영향을 미치게 됩니다. 자율 주행 기반 기술을 통해 자율 군집 주행에 성공한 현대차 엑시언트 사례는 물류 운송 분야의 큰 혁신이며, 서비스 운영 경비와 인건비 절감 및 운송 노동력 대체를 통하여 궁극적으로 생산성 향상까지 이끌어 낼 수 있는 산업 융합 기술의 선순환 사례입니다.

### 우버 자율 주행 택시

차량공유 서비스 사업을 하는 우버는 기존 택시에 자율 주행 기술이 접목된 자율 주행 택시 서비스를 구현하였습니다. 우버의 자율 주행 택시는 기존 우버가 운영하고 있는 차량 공유 서비스에 운전자가 없는 자율 주행 차량으로 서비스를 이어갈 것을 의미하며, 해당 자율 주행 차량은 지붕 위 LIDAR와 차량 외부에 설치된 11개의 카메라로 외부 교통상황을 실시간 관측하여 자동차 스스로 상황인지와 주행제어를 수행할 수 있는 자율 주행 택시를 목표로 개발 진행 중에 있습니다.

우버의 자율 주행 택시 서비스 모델은 모바일 앱을 통하여 사용자가 우버를 호출할 때 사용자 위치를 기반으로 빅 데이터 분석을 통한 최적 경로에 위치한 택시를 배차하고, 사용자가 택시를 탑승한 후 AI, IOT 기술을 도입한 자율 주행 기술이 활용되어 도착지까지 최적 경로로 택시가 운행되어 집니다. 사용자의 택시 하차 시에 우버 앱 계정에 연동된 간편 결제 시스템을 통하여 요금 지불이 완료되는 원스톱 서비스의 구현을 목표로 하고 있습니다.

지금까지 우버는 혁신적인 아이디어로 차량 공유 서비스 시장을 개척하였고 이러한 공유 플랫폼을 기반으로 기술 융합을 통하여 향후 운전자 없이 운행하는 택시 서비스를 제공하는 것을 목표로 하고 있습니다. 우버의 자율 주행 택시는 대중교통에 자율 주행 기술이 접목된 사례로 향후 운전자 없이 자율 주행 기술로만 운행되는 택시로 발전될 경우 기존 기사(혹은 택시기사 사칭)로 인해 발생하는 범죄율 또한 개선될 수 있을 것으로 기대 되는 사례입니다. 우버의 자율 주행 택시를 시작으로 자율 주행 핵심 기술인 V2X<sup>Vehicle to Everything communication, V2X communication</sup> 기술을 통한 교통 산업의 플랫폼화가 진행될 수 있을 것으로 전망하고 있습니다.

## V2X

V2X<sup>Vehicle to Everything</sup> 기술은 유무선 통신망을 이용하여 차량과 주변 인프라를 서로 연결하여 운용되는 개념입니다. V2X 기술로의 연결은 차량과 차량, 차량과 주변 인프라(충전소, 도로 등)와 네트워크 연결이 이루어지고 네트워크로 연결된 차량과 주변 인프라가 서로 수집한 정보를 교환하며 안전, 환경 보호, 교통 관리 등과 같은 지능화 운행 관리 기능 수행을 가능하게 합니다.

V2X는 크게 차량간 통신<sup>V2V, Vehicle to Vehicle</sup>, 차량과 도로 인프라 간 통신<sup>V2I, Vehicle to Infra</sup>, 차량과 보행자 간 통신<sup>V2P, Vehicle to Pedestrian</sup>, 차량과 개인 단말 간 통신<sup>V2N, Vehicle to Nomadic Devices</sup> 등의 개념으로 구분이 되며, 특정 통신 기술에 국한되지 않고 도로 위 주행 중인 차량에 적용 가능한 모든 형태의 통신 기술을 포함합니다. 차량과 네트워크에 연결된 모든 사물의 연결을 구현하는 V2X 기술은 클라우드, 머신러닝, 정보 시각화 기술 등 타 기술과의 융합을 통해 단순 정보 교환을 넘어 지능화 교통관리 서비스로 발전 가능할 것으로 전망되고 있습니다.

V2X 기술은 4G/5G 네트워크를 통해 실시간으로 정보 교환을

하고, 수집된 정보를 빅 데이터 분석을 하여 최적의 교통 환경 구성 및 교통 사고 방지 기술을 구현할 수 있고, IOT 기술을 접목하여 차량 간의 연결과 도로 상황을 인지하여 교통 정체를 방지하는 등 지능화된 교통 관리 수행이 가능하며, 향후 AR 기술의 접목으로 교통정보 시각화 등 다양한 기능으로 활용이 가능합니다. V2X 기술은 단순 차량과 주변 인프라의 연결을 넘어 교통과 관련된 모든 주체가 정보를 생성하고 서로 교환할 수 있으며, 운전자−보행자−인프라 간의 상호 작용을 통한 최적화된 교통 환경 구축이 가능하다는 장점이 있습니다.

## 스마트 금융: 알리바바 앤트 파이낸셜

금융 분야에 스마트 기술을 접목한 스마트 금융의 사례로 전자상거래의 결제를 편하게 하는 결제 플랫폼을 출시한 지 10년 만에 세계 최대 핀테크 기업으로 성장한 알라바바의 사례를 살펴보기로 하겠습니다.

알리페이는 타오바오(알리바바의 전자상거래 플랫폼)에서 소비자의 결제 편의 증진을 목표로 2003년 처음으로 시장에 출시되었습니다. 알리페이의 작동 방식은 구매자가 물품을 구매할 때 결제 대금을 알리페이를 통해 우선 지불한 뒤, 구매자가 구매 물품이 수령됨을 확인하면 해당 결제 대금을 알리페이에서 판매자 계좌로 입금

하는 순서로 서비스가 제공됩니다.

알리페이는 2003년 첫 등장 이후 2004년 타오바오로부터 독립하여 단독업체로 정식 출범하게 됩니다. 이후 2009년 모바일 결제 서비스를 시작하고 2014년 Ant Financial로 사명을 바꾸어 단순 온라인 결제 서비스 기업이 아닌 종합 핀테크 기업으로 발전하고자 하였으며, 이후 개인 신용 점수 관리 서비스, 중소기업 및 창업자를 위한 대출 서비스, 자산 관리 및 금융 상품 추천 서비스 등 관련 금융 업무를 수행하며 사업 영역을 확장하였습니다. 현재 Ant Financial(알리페이)의 기업가치는 약 1,500억 달러에 이르며, 이미 세계 최대 규모의 핀테크 전문 기업으로 발돋움 하였습니다. 1,500억 달러라는 규모는 중국 최대의 인터넷 포털 업체 바이두의 시가 총액이 940억 달러임을 비교해 보면 얼마나 큰 규모인지 짐작이 가겠지요.

알리페이 서비스 구현에 있어 가장 핵심적으로 사용되는 기술은 모바일, 네트워크, IoT 기술이라고 말할 수 있으며, 이러한 기술을 기반으로 O2O<sup>Online to Offline, Offline to Online</sup> 결제 서비스를 제공하는 것이 알리페이의 핵심 비즈니스 모델이라고 할 수 있습니다. 알리페이는 스마트폰으로 오프라인 상점에서 고유 QR코드를 찍으면 바로 자신의 은행 계좌에서 상점의 계좌로 돈을 지불하는 신개념의 결제 방식을 내놓았으며, 2015년에는 오프라인 상점에서 이용자의 결제 데이터를 수집·분석해 언제 어떤 상품이 제일 잘 팔리는지의 정보를 가맹점에게 제공해 가맹점을 늘리는 시너지 효과를 거두었습니다. 이러한 O2O 기반의 결제 서비스에서 더 나아가 빅 데이터, AI 기술을 활용한 맞춤형 비대면 금융 상품을 제공하여 자산 관리 서비스를 구현하였고, 대기업 및 중견기업에 비해 상대적으로 은행 대출이 어려운 중소기업을 타겟으로 온라인 은행 서비스를 시작하여 중소기업 맞춤형 대출 상품 등을 선보이기도 하였습니다. 그리고 단순 개인 금융 정보를 넘어 SNS 데이터, 전자상거래 이력 등을 기반으로 개인 신용 점수를 부여하는 신용 관리 서비스까지 사업 영역을 확장하였습니다. 알리페이는 서비스 제공과 함께 발생하는 데이터를 저장 및 활용하여 데이터 활용의 선순환 생태계를 구현하였고 탄탄한 결제 솔루션을 기반으로 금융 산업 전체로 확대해 간 사례입니다.

## 스마트 물류

### 아마존 키바

키바는 짐꾼 로봇으로 물류 서비스의 입고~출고 사이에 발생하는 업무를 수행하는 적재 전용 로봇이며 키바를 만든 키바 시스템을 2014년 아마존이 7억 7,500만 달러에 인수하였습니다.

미국 캘리포니아주 트레이시에 위치한 아마존의 물류 창고에서 3천대 이상의 로봇 키바가 아마존 근무자들을 돕기 위해 움직이고 있습니다. 키바는 정사각형 모양의 16인치 크기로 무게는 320파운드에 달합니다. 시간당 5마일의 속도로 움직이며, 로봇 한 대 당 최대 약 340kg까지 들어 올릴 수 있어 적재 선반을 들고 움직이는 일을 주로 수행합니다. 키바는 물류를 돕기 위한 로봇이지만 로봇 기술 외에도 AI, 빅 데이터, IOT, 클라우드 등 다양한 스마트 기술이 적용되었습니다.

기존 물류 프로세스는 창고에 제품이 입고되면, 상품별 분류 작업을 수행한 뒤 창고에 적재하여 보관하고 이후 제품 출고 시 해당 제품을 픽업하여 피킹 구역으로 제품을 운반한 뒤 출고 일에 맞추어 제품이 출고되는 흐름을 가지고 있습니다. 키바는 기존 물류 프로세스에서 제품 분류, 보관, 픽업에 해당하는 업무를 돕기 위해 개발되었으며, 제품을 세부 기준에 맞추어 적재 선반에 옮겨 보관한 뒤 제품 출고 일정에 맞추어 피킹 구역으로 제품을 옮기는 업무를 수행합니다. 키바의 도입으로 사용 창고 관리 업무에 인간과 기술이 협업할 수 있는 업무 환경을 구성하였으며, 실제 미국 전역에 있는 아마존 물류 센터에 약 1만 5천대 이상의 키바 로봇이 움직이고 있습니다.

아마존은 물류 창고에 키바 시스템을 도입한 이후 2년 만에 운영비용의 20% 절감 효과를 얻었으며, 각 물류 센터 마다 약 2천 200만 달러에 달하는 비용을 절감하였습니다. 또한, 키바를 110개 물류 센터에 추가로 도입을 하면, 약 8억 달러의 비용을 절감할 수 있을 것으로 예측하고 있습니다. 아마존의 물류 센터에 키바 로봇이 도입되면서 기존 60~75분이었던 물류 순환 속도가 약 15분으로 빨라졌고 공간을 효율적으로 사용하면서 재고를 둘 수 있는 공간도 50% 정도 증가한 것으로 나타났습니다. 향후 아시아 지역에 밀집한 대형 물류 창고에 키바 시스템을 도입한다면, 그 효용성이 더욱 증대될 것으로 예측하고 있습니다.

### UPS 드론

국제 배송 전문 업체인 UPS는 드론을 활용한 배송 사업을 개발하고 있습니다. 트럭으로 배송지 인근에 도착한 뒤 드론을 날려 드론이 설정된 배송지까지 무인 배송을 수행하는 방식입니다. UPS는 최근 미국 매사추세츠 주에서 트럭과 드론을 연동해 시연 행사를 마쳤으며, 드론은 제품을 원하는 장소에 내려놓은 후 트럭으로 복귀하였습니다. 비행은 약 900g 무게의 아동용 의료용품을 싣고 8분 거리를 비행해 배달하는 임무로 이뤄졌습니다.

트럭에는 드론을 이착륙시킬 수 있는 공간이 별도로 마련되어 있으며, 드론은 1회 최대 30분간 비행이 가능하고 적재할 수 있는 짐의 무게는 10파운드입니다. UPS 드론 배송 시스템에 사용된 드론은 사이피웍스CyPhy Works와 제휴를 통해 만들었으며, 사이피웍스는 UPS가 투자한 드론 제조 전문업체입니다.

하지만 이 서비스는 아직 상용화 단계는 아닌 것으로 파악되고

있으며, 기술 산업 전문 온라인 뉴스 매체인 테크크런치<sup>TechCrunch</sup>
는 두 번째 테스트에서 드론이 제대로 임무를 수행하지 못하는
사고가 있었다고 전했습니다.

UPS의 드론 배송 시스템은 배송지만 입력하면 배송지까지 드
론이 스스로 자율 주행을 수행하여 물건을 배달할 수 있는 자율
주행 기술이 접목되어 있으며, AI와 빅 데이터, IOT, 클라우드 기
술 등이 사용되었으며 드론의 현 위치에서 배송지까지의 최적 운
행 거리를 계산하여 트럭의 정차 위치 등을 선택할 수 있는 알고
리즘이 탑재되어 있습니다.

이러한 드론 배송 서비스는 인건비와 연료 등을 절감하는 효과
외에도 기존에는 배송이 힘들었던 지역까지 배송 서비스를 확장할
수 있는 장점이 있어 향후 배터리와 드론 기술의 발전과 더불어
다양한 배송 방식을 개발할 수 있을 것으로 기대하고 있습니다.


## 스마트 시티

### 싱가포르의 디지털 트윈 시티

프랑스의 소프트웨어 회사인 다쏘 시스템은 3D Experience라
는 솔루션으로 싱가포르의 전체 환경 및 인프라를 3D로 모델링
하고 데이터화 하여 도시 운영의 효율성을 높일 수 있는 디지털
트윈 시티를 구현했습니다.

싱가포르 전체의 활동, 시설, 날씨 등을 3D 모델링 및 데이터화하여 여분의 주차 공간 표시, 건축물 크기/면적 표시, 날씨 시뮬레이션, 시설 별 에너지 사용량 및 사용 에너지 종류 표시 등을 보여줄 수 있습니다. 앞서 언급된 건축물들의 크기 및 면적, 지역 날씨, 시설 별 에너지 사용량 등의 데이터들은 실시간으로 조회 및 활용가능하며, 도시 내에서 일어나는 다양한 활동들을 모두 데이터화 하여 보관 및 활용하고 있습니다.

데이터 수집은 도시 내에 있는 건축물, 시설 등에 센서를 부착하여 하고 있으며, VR 기술을 접목시켜 도시 전체를 탐방할 수 있는 간접 도시 경험도 제공하고 있습니다.

이러한 빅 데이터, IOT, 클라우드 등의 기술 융합을 통한 시스템 구현으로 다음과 같은 긍정적인 효과를 불러올 수 있었습니다. 첫째, 기존 단순 3D 화면 조회를 넘어 실시간으로 활용 가능한 데이터의 조회 및 측정이 가능해졌습니다. 둘째, 실시간으로 수집된 데이터를 기반으로 전 도시에 걸쳐 다양한 시뮬레이션이 가능해졌습니다. 건물을 건축하거나, 도시 환경 개선을 위한 시뮬레이션이 가능하여 효율적인 환경 개선이 가능해 졌으며, 이외에도 날씨, 에너지 종류 변경 등 다양한 기준을 가지고 도시 전체를 시뮬레이션 해볼 수 있는 기회가 만들어 졌습니다. 셋째, 도시에서 발생한 모든 데이터가 공공 자산이 되는 진정한 정보 사회로 발전시킨 사례입니다.

## The Edge

더 엣지는 암스테르담에 위치하고 있는 컨설팅 펌 딜로이트의 사옥으로 건물 전체가 스마트 워크 환경을 제공하고 있는 스마트 빌딩입니다. 출근 시에는 자동차 번호판을 자동으로 인식하여 주차장의 빈 구역으로 안내하고, 별도로 정해진 개인 책상 없이 개인의 일정과 선호에 따라 일할 공간을 지정해 줍니다. 조명은 사용자의 설정을 기반으로 하거나, 변경 사항을 기억하여 개인에게 맞는 최적의 상태로 제공되며, 건물 내 모든 스크린은 직원의 개인 노트북이나 핸드폰과 연결하여 사용할 수 있습니다.

또한 옥상과 건물 외벽의 창문에 부착된 태양광 발전 패널을 통해 자체적인 에너지 생산이 가능하도록 설계되어 있습니다. 이 건물은 직원과 직원, 직원과 건물이 연결되어 지능화된 정보를 생산 및 분석하여 직원 개인 맞춤형 업무 환경을 제공할 수 있으며 건물 스스로 에너지 생산 및 건물 현황 대쉬보드 관리, 업무공간 배분, 주차공간 지정 등의 공간 관리 등을 최적화하여 건물을 운영할 수 있습니다. 이 건물은 IoT, 모바일, 빅 데이터, AI 기술을 활용하여 친환경으로 운영하고 있으며, 사람과 건물, 건물과 도시가 연결될 미래의 환경을 시사하고 있습니다.

# CHAPTER 5

# 4차 산업혁명 시대의 변화와 대응방안

# 05 Chapter

# 4차 산업혁명 시대의 변화와 대응방안

지금까지 4차 산업혁명 시대에 동인으로 작용하고 있는 기술과 그 기술들이 여러 산업에 적용되어 만들어 가고 있는 사례들을 살펴보았습니다. 정말 다양한 기술들이 빠르게 발전하고 있고 각 산업에 적용되어 새로운 사례들을 만들어 가고 있는 변화가 정말 다양하고 놀랍지 않나요? 이제는 놀라거나 두려워하기만 할 것이 아니라 이러한 변화를 어떻게 대처해 나가야 할지에 대해 고민해보도록 하겠습니다.

## 4차 산업혁명 시대에 일어나고 있는 변화

4차 산업혁명이 가져올 변화에 대해서는 다양한 의견이 제시되고 있습니다만 가장 폭넓게 제시하고 있는 것은 클라우스 슈밥이 그의 저서 4차 산업혁명에서 제기한 경제, 기업, 국가 세계, 사회, 개인 등의 각 방면에서 일어날 변화를 예견한 내용이 아닐까 합니다. 이미 이 책의 앞부분에서 이 내용을 비교적 상세히 소개하였기 때문에 여기에서는 다시 반복하지 않고 키워드만 리마인드 해보도록 하겠습니다.

세계 경제에 4차 산업혁명이 미치게 될 변화는 4차 산업혁명의 혁신적 기술로 생산성의 폭등을 이끌어내 세계 경제를 성장국면으로 넘어가게 하는 긍정적 변화를 가져올 것으로 보았으나, 고용면에서는 기술 혁신이 일자리를 대체함으로써 일어나는 일자리의 감소와 변화에 어떻게 대응할 것인지 고민이 필요하며, 이로 인한 불평등의 심화 가능성을 부정적인 변화로 보았습니다.

기업에서 일어날 변화로는 새로운 기술이 상품과 서비스의 융합이라는 파괴적 혁신을 초래하여 산업 분야간 경계를 파괴함으로써 새로운 사업 모델이 출현하는 산업의 융합이 폭넓게 일어날 것으로 보고 이에 대응하기 위해 인재와 데이터를 중요시하고 새로운 비즈니스 모델의 구축이 시급할 것으로 보았습니다.

국가와 세계에 4차 산업혁명이 영향을 미칠 변화는 국민들이 많은 정보를 가지게 되어 시민사회의 힘이 커지게 됨에 따라 정부도 지속적으로 급변하는 새로운 환경에 적응할 수 있는 민첩한 통치 시스템을 만들어 개방적인 국제 규범을 구축하고 정보통신기술에서의 접근성과 활용에서 경쟁력 있는 환경으로 인재들을 유인해야만 국가와 도시가 경쟁력을 가질 수 있다고 보았습니다.

사회에 4차 산업혁명이 미칠 영향은 새로운 생태계에 적응할 능력을 갖춘 승자와 그렇지 못한 저숙련 노동자, 기존의 평범한 중산층 간에 사회적 불평등이 심화될 것이라고 보았습니다.

마지막으로 개인에게 미칠 영향은 개인의 행동 양식, 소비패턴, 경력개발 방법 등의 정체성도 변화시키고 새로운 변화를 받아들이는 사람과 저항하는 사람 간에 격차를 벌리는 양극화가 심화되며, 새로운 기술이 공공의 이익이 아닌 특정 집단의 이익을 위해 악용될 수 있다고 보았습니다.

이를 요약해 보면, 경제면에서는 생산성 향상에 의한 성장과 일자리의 감소를, 기업 면에서는 상품과 서비스의 융합에 따른 파괴적 혁신, 국가는 정부 영향력의 감소와 개방화, 사회면에서는 사회적 불평등의 심화, 개인에게는 변화 수용능력에 따른 양극화 심화 등이 4차 산업혁명으로 초래될 주요 변화로 보았습니다.

위와 같이 슈밥은 세계 경제, 기업, 국가, 개인에게 4차 산업혁명이 가져올 변화를 정리했습니다만, 지금부터는 조금 다른 관점에서 4차 산업혁명이 가져올 변화를 정리해보겠습니다.

4차 산업혁명이 가져올 변화에 대해 여러 곳에서 다양한 언급이 되고 있습니다만, 그 중심에는 경제, 산업, 기업 전반에 걸쳐 큰 변화가 오며 새로운 경쟁이 법칙이 만들어 질 것이라고 보는 것입니다. 2차 산업혁명 이후 3차 산업혁명을 거쳐 전 세계적으로 유지되어 오던 산업, 기업 간의 질서에 큰 변화가 닥쳐올 것으로 보는 것이지요. 그동안 완전히 다른 산업으로 서로 연관이 없다고 보았던 산업들이 서로 경계가 무너지고 하나의 산업으로 합쳐지기도 하고, 새로운 비즈니스 모델의 출현으로 기존에 기득권을 누려왔던 대기업들의 경쟁 기반이 사라져 산업의 주도권이 새로 출현한 소규모의 스타트업 회사로 넘어가는 등 지금까지 상상하지 못했던 산업과 기업의 재편을 빠르게 진전시켜 나갈 것으로 보고 있습니다.

이러한 변화의 출발은 앞 장에서 살펴보았듯이, 스마트 기술과 산업의 융합으로 인한 파괴적 혁신Disruptive Innovation이 일상화되며 산업 간의 경계가 해체되고, 새로운 사업 모델이 출현하는 융합 혁신Convergence Innovation이 활성화 되는 것이지요. 물론 단시간 내에 모든 기업과 산업이 이러한 파괴적 혁신에 휘말리지는 않을 수도 있겠습니다만, 지금 일어나고 있는 글로벌 산업계의 변화 상황, 그중에서도 새롭게 출현해서 새로운 비즈니스 모델을 바탕으로 유니콘 기업으로 성장해 가고 있는 사례들을 보면 그 변화의 방향을 짐작해볼 수 있습니다.

유니콘 기업은 1조 원(10억 달러) 이상의 기업 가치를 보유한 비상장 기업을 의미하며 창업을 해서 성공을 꿈꾸는 많은 스타트업들이 도달하고자 하는 대성공의 기준이지요. 이러한 유니콘 기업이 최근 3~4년 사이에 폭발적으로 증가하고 있음을 알 수 있는

**새로운 비즈니스 모델 스타트업의 급성장**

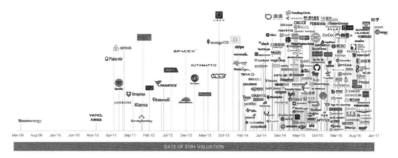

출처: Unicorn Trend (CB Insights, 2017.01)

데, 이렇듯 유니콘 기업으로 성공해간 기업들의 비즈니스 모델의
60% 정도가 산업간 경계를 허무는 전자상거래(도소매업+IT), 핀테크
(금융+IT), 차량공유(운송+IT) 등의 영역에서 새로운 혁신을 이루어낸
산업간 융합 모델인 것을 보더라도 스마트 기술이 표방하고 있는
산업간 그리고 신기술의 결합에 의한 융합이 얼마나 중요한지 알
수 있습니다.

　이러한 유니콘 기업의 비즈니스 모델만이 아니고 앞서 스마트
기술이 적용된 여러 사례에서 살펴보았듯이 스마트 기술은 이미
다양한 산업 분야에서 개별 산업 특성의 본질을 바꾼 다양한 새
로운 사업들을 만들어 내고 있습니다. 그 한 예가 자동차 산업에
스마트 기술이 접목되어 전통적인 자동차 사업 영역에 새로운 형
태의 경쟁자가 출현하여 산업의 생태계를 바꾸어 가고 있는 사례
이지요. 전통적인 자동차 산업은 기계공학 기반의 순수 기계장치

를 조합한 산업에서 출발해서 반도체등의 전기, 전자 부품이 확대되는 모델로 발전했습니다만 여전히 자동차 산업의 핵심 경쟁력 및 기반 기술은 내연 기관인 Power Train과 유압식 구동 부품, 전자식 비구동 부품에 있었습니다. 하지만 이러한 기계와 전자공학 중심의 자동차 산업에 스마트 기술을 보유한 테슬라, 구글과 같은 IT 기업이 참여함으로써 시장의 경쟁 구도가 급격히 바뀌는 변화가 일어나고 있습니다.

테슬라는 전기차를 베이스로 한 스마트 Connected Car를 개발하여 시장에 출시함으로써 전통적인 자동차 회사와는 다른 모델로 고객들에게 다가가고 있습니다. 전통적인 자동차는 자동차가 출고될 때 제공되는 기능이 고정된 상태로 고객들이 이용할 수밖에 없습니다만, 테슬라는 차에 내장되어 사용 중인 S/W를 OTA<sup>Over The Air</sup>라고 하는 통신을 이용해 S/W를 Up Grade 해주는 기술을 활용함으로써 자동차의 성능을 구매 이후에도 계속 향상시키는 서비스를 제공하고 있습니다. 그리고 구글과 같은 IT 플랫폼 회사는 자율 주행차의 운영 체제를 개발하고 자율 주행차를 직접 만들어 시험 운행을 계속함으로써 전세계적으로 자율 주행차 운행 영역에서 가장 많은 운행 데이터를 축적한 회사로 떠오르고 있고 이러한 데이터를 기반으로, 토요타를 비롯한 전통적 자동차 회사 및 자동차 공유 회사 등의 파트너들과 자율 주행차를 활용한 사업 영역에서 협업을 하며 Open Innovation으로 새로운 사업 모델을 만들어 가고 있습니다.

　또 다른 파괴적 혁신의 비즈니스 모델 사례로는 공유경제 개념을 활용하여 숙박업 시장을 재편한 Airbnb의 사례가 있습니다. Airbnb는 샌프란시스코에서 사업을 시작한 회사로서 샌프란시스코에서 다양한 컨퍼런스가 열릴 때마다 호텔 방이 모자라 참가자들이 불편을 겪고 있는 현상을 보고 이를 해결하기 위해 빈방의 정보를 여행자들에게 알려주어 합리적인 가격에 사용토록 하는 공유경제 개념을 도입한 사업 모델이지요. 사업 모델만 보면 별로 복잡해 보이지 않지만 이 회사도 처음부터 지금과 같은 사업 모델이 한 번에 완성된 것이 아니라 샌프란시스코에서 컨퍼런스 참가들을 위한 일시적인 기간의 빈방 공유 개념에서 출발해 고객을 관광객으로 확장하고 더 나아가서는 샌프란시스코 지역만이 아닌 미국 전역 그리고 더 나아가서는 전 세계적인 숙소 알선 서비스로 확장해 갔습니다. 그리고 초창기에 고객들의 불편사항을 적극적으로 모니터링하고 이를 적극 개선하는 사업 모델로 발전시켜 나감으로써 지금은 자신이 소유한 방 하나 없이 글로벌 호텔 체인인 메리어트의 기업 가치를 추월하는 수준까지 성장하였습니다. 현장에서 만들어진 새로운 사업 모델에 대한 아이디어를 스마트 기술을 사용하여 구현하고 시행착오를 거치며 사업 모델을 계속 개선 발전시키며 확장해 간 파괴적 혁신 사례입니다.

이상의 사례 외에도 스마트 기술을 활용한 4차 산업혁명의 사례는 앞장에서 설명한 바와 같이 스마트 헬스케어, 스마트 농업, 스마트 유통, 스마트 교통, 스마트 금융, 스마트 물류, 스마트 시티 등 다양한 산업분야에서 만들어지고 있습니다. 이러한 사례들을 여기서 일일이 다시 설명하기보다는 앞장의 사례를 참고하는 것으로 하고 여기서는 이러한 4차 산업혁명이 만들어 가는 변화를 초지능, 초연결, 융합으로 특징 지워지는 스마트 기술 Smart Technology, 파괴적 혁신Disruptive Innovation, 융합 혁신Convergence Innovation, 개방형 혁신Open Innovation 등의 키워드로 압축해 보고 이에 어떻게 대응해가야 할지를 몇 가지 관점에서 정리해 보도록 하겠습니다.

## 4차 산업혁명 시대에 필요한 역량, 사고, 행동의 새로운 패러다임

4차 산업혁명이 불러올 변화에 어떻게 대처할 것인가에 대해서는 다양한 각도에서 바라보고 해결책을 제시할 수 있겠습니다만, 여기에서는 그동안 산업 현장에서 빠른 기술 변화에 대처해 나가는 다양한 시도를 하며 필요하다고 느낀 세 가지 패러다임의 변화 방향에 대해 소개해 보도록 하겠습니다.

## 양손잡이 역량(Ambidextrous)

첫 번째는, 양손잡이 역량을 키워 가야 할 것으로 보는 것입니다. 양손잡이는 한마디로 양손을 다 잘 쓴다는 뜻이지요. 영어로는 Ambidextrous라는 단어가 이 뜻을 담고 있습니다. 지금까지 언급된 많은 4차 산업혁명에 대한 논의가 인공지능, IOT 등의 새로운 기술에만 초점을 두고 새로운 기술을 어떻게 이해하고 습득할 것인가에 초점이 맞추어져 진행되는 경향이 있는 것 같습니다. 하지만 앞서 스마트 기술을 소개하면서 스마트 기술을 단지 새로운 기술로만 바라볼 것이 아니라 기존에 있어 왔던 산업에 이들 기술들을 잘 접목하고 활용하여 새로운 부가가치를 만들어 내야 한다는 점을 강조한 바가 있는데요. 즉, 4차 산업혁명을 새로운 기술들의 출현과 이 기술들의 단순한 활용으로만 단편적으로 볼 것이 아니라 이러한 기술들을 기존에 우리의 경제를 만들어 왔던 각 산업들의 업에 대한 통찰력, 즉 Domain Expertise라는 역량과 함께 융합하여 새로운 혁신 가치를 만들어 가는 고민이 필요하다고 보는 것입니다. 따라서 새롭게 출현하고, 진화해 가는 기술에 대한 습득도 집중적으로 해가야 하지만 이와 더불어 각각의 산업 현장에서 자기의 업에 대한 통찰력을 키워 새로운 기술과 자신이 속한 산업 양쪽에 대한 전문성이 같이 발휘되어야만 새로운 혁신 가치를 찾아내어 4차 산업혁명이 만들어 가는 환경에서 남들과 차별화된 경쟁력을 만들 수 있다고 보는 거지요.

즉, 새로운 기술 역량만 확보하면 될 것으로 보고 무조건 적으로 기술투자에만 몰입할 것이 아니라 이러한 기술들을 각 산업의 전문성과 어떻게 융합해 갈 것인지, 기술과 산업의 두 가지 전문성을 모두 잘 확보하고 융합해 갈 수 있는 역량을 어떻게 길러낼 것인가를 고민하는 것이 가장 먼저 해결되어야 하겠습니다.

물론 양손잡이라 하여 한사람이 양쪽의 역량을 다 가지고 있는 것이 가능하다면 그런 사람들을 길러 가는 것도 필요하겠습니다만, 현실에서는 쉽지 않은 방법으로 보입니다. 따라서 이 문제를 해결하는 가장 좋고 현실적인 방법은 조직에서 팀의 역량으로 양손잡이 역량을 가져가도록 하는 것이 아닐까 합니다. 기술 전문가 그룹과 산업 전문가 그룹이 한 팀이 되어 서로의 역량을 융합하여 자신들이 속한 산업에서 새로운 혁신 가치를 어떻게 찾아낼 것인지를 제로베이스에서 고민하게 하여 답을 찾아가게 하는

**양손잡이 조직(Ambidextrous Organization)**

기존 IT + 새로운 기술 요소      業에 대한 통찰력      새로운 혁신가치의 발견

방법이 현실적이겠지요. 그리고 이때에 두 그룹 사이에 대화가 가능하도록 하기 위해서는 양쪽을 두루 아는 진정한 양손잡이 전문가가 있으면 금상첨화이겠지요.

### 나선형 성장(Spiral Growth)

두 번째로 만들어 가야할 변화의 방향은 새로운 사업을 만들어 갈 때 가져야 할 사고방식의 패러다임 변화로, "Ready – Fire – Aim", "Think Big, Start Small, Move Fast", "Spiral Growth"의 세 가지 간결한 영어 표현으로 풀어보겠습니다.

먼저 "Ready – Fire – Aim"입니다. 군대를 다녀오신 분들은 총을 쏘는 훈련을 받아 보셔서 아시겠습니다만, 총을 쏠 때의 자세는 원래 "Ready – Aim – Fire", 즉 준비 – 조준 – 발사지요. 그런데 왜 이 순서를 준비 – 발사 – 조준으로 바꾸어 표현했을까요? 준비만 되었으면 먼저 쏴 보고 조준을 하라는 이야기인데, 무슨 뜻일까요?

제가 CEO에 처음 취임해서 가졌던 가장 큰 고민은 우리회사의 주 사업 모델이 SI를 기본으로 하는 IT 서비스 사업이다 보니 직원들이 고객이 만들어 달라는 시스템을 만들어 주는 수동적인 역할에는 익숙해 있지만, 스스로 새로운 사업 모델을 만들어 가는 능동적 역할에 대한 능력은 거의 없다고 보아도 될 정도였습니다. 그 당시 제가 가졌던 우리회사의 가장 시급한 과제는 기존의 SI 사업의존에서 벗어나기 위해 새로운 사업모델을 찾아내는 것이었습니다. 그런데 막상 직원들과 새로운 사업모델을 찾아보려고 하니 모두들 새로운 사업 구상에 대한 엄두를 내지 못하고 주춤거리기만 했습니다.

그 첫 번째 이유는 도대체 새로운 사업 모델을 구상할 실마리를 찾기도 어렵고 설사 새로운 사업 아이디어를 찾아내었다 하더라도 그 사업에 대한 타당성을 입증해서 사업 계획으로 만들어갈 조사 작업들이 엄두가 나지 않았던 것이지요. 그래서 제가 그때 직원들이 진도가 나갈 수 있도록 독려하며 썼던 말이 일단 준비가 되면 쏴 보고 그 결과를 보고 작업 방향을 다시 수정하자는 것이었습니다. 준비-발사-조준의 흐름으로 시행착오를 감수하더라도 새로운 사업 모델을 만들어 먼저 테스트를 해보고, 그 다음에 테스트 결과를 가지고 방향 수정을 하도록 작업 순서를 바꾸게 한 것이지요. 그런데 이렇게 시행착오를 하며 방향을 찾아가는 방식이 제가 새롭게 만들어낸 생각은 아니고 이미 실리콘밸리를 비롯한 창업이 활성화된 곳에서는 널리 쓰이고 있는 사고방식이지요. 하지만 제가 몸담았던 회사를 비롯한 대부분의 기업에서는 새로운 사업을 시작할 때 완벽한 사업계획을 만들도록 요구하고 있고, 이를 위해 사업 시작 이전에 사업계획을 만드는 과정에서 많은 자료 준비와 필터링을 거치다 보니 새로운 시도가 사업계획에 반영되기 어려운 구조이지요. 그리고 기존에 해보지 않은 사업을 또는 이전에 존재하지 않았던 새로운 사업을 만들면서 완벽한 계획을 수립한다는 것은 거의 불가능에 가깝지요. 그래서 새로운 사업 모델을 만들거나 창업을 할 때 쓰는 방식이 사업을 작게 만들어 시작을 해보고 그 결과를 보고 계속 수정해 가며 사업을 키워 가는 것이지요.

이때 준비—발사—조준의 시행착오를 감수하는 사업 준비 과정과 더불어 같이 가져가야 할 행동 양식으로 "Think Big—Start Small—Move Fast", 즉 "크게 보고 기획하고—작게 시작해서—빨리 움직여라"가 있습니다. 이러한 과정을 거쳐 한 차례 새로운 시도를 해본 후에는 다시 크게 보고 작게 시작해서 빨리 움직이는 과정을 반복해서 진행을 하게 되면 새로운 사업이 점점 구체화되고 경쟁력을 가지는 사업으로 커 갈 수 있는 상태로 발전해 갈 수 있는 것이지요. 이렇듯 작게 시작해서 결과를 확인함으로

**Ready - fire - Aim**

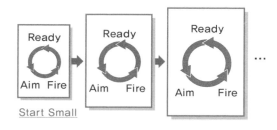

"Think Big
Start Small and Move Fast"

써 시행착오를 줄이고 다시 새로운 사이클로 사업을 만들어 가는 과정을 반복하다 보면 새로운 사업의 모습도 구체화되고 시장에서의 생존 가능성과 경쟁력을 높여 갈 수 있는 효과를 얻을 수 있게 되고 이렇게 시행착오를 해가며 사업을 키워가는 방식을 "Spiral Growth"라고 합니다.

즉, 작게 시작해서 큰 사업으로 키워가는 지속 성장을 이루는 방식을 말하는 것이지요. 새로운 사업을 만들어 가기 위해서는 우선 시장 패러다임의 변화가 어떤 방향으로 가고 있는지를 확인하는 것으로부터 시작해서 신기술이나 신사업 모델에 대한 연구를 해야 하겠지요. 이때 가져야 할 기본 생각은 시야를 넓게 가지고 사업의 진행 방향을 찾아야 하는 것이지요. 우리가 등산을 하면서 길을 찾고자 할 때 계곡 속에 있으면 시야가 확보되지 않아 방향을 확인하기 힘들지만 능선으로 올라가 멀리 넓게 볼 수 있는 시야를 확보하면 옳은 방향을 확인할 수 있듯이 새로운 사업을 기획하는 첫 단계에서는 좁게 보기보다는 넓은 시야를 확보해서 새로운 사업기회를 찾는 작업을 시작하는 것이 성공 확률을 높일 수 있는 것이지요. 넓은 시야를 확보하기 위한 방법으로 "Think Big", 즉 "크게 보고 생각하라"가 중요한 의미입니다.

일단 신사업을 검토해서 추진할 방향이 정해지면 그 다음으로 가져야할 접근법은 "Start Small", 즉 "작게 시작하라"입니다. 어느 정도 가능성을 확인한 신사업 모델이 발굴이 되면, 처음부터 규모를 크게 가져가 리스크를 늘리거나 사업 준비에 많은 시간을 쓰기보다는, 일단 시장의 반응을 테스트 해볼 수 있는 작은 규모의 사업을 빨리 만들어 새로운 작은 시도를 해보는 것이 중요합니다. 특히나 지금까지 존재하지 않았던 새로운 사업 모델은 사업을 기획하는 사람 입장에서는 성공할 이유가 많아 보이지만, 실제 새로운 사업 모델이 시장에 소개되었을 때의 고객의 반응은 전혀 엉뚱한 반응인 경우가 비일비재하지요. 그래서 사업 기획자가 자기만의 확신만 가지고 처음부터 사업을 크게 벌리는 것보다는 일단 작은 규모로 ver. 1.0의 사업을 만들어 시장에 부딪쳐 시장의 반응을 보고 부족한 부분을 빨리 찾아내어 보완해서 ver. 2.0의 사업으로 만들고, 또 빨리 시장에 부딪쳐 시장의 반응을 보고 보완해 가는 사이클을 빠른 주기로 반복해 가는 방법이 사업의 리스크를 줄이고 성공 확률을 높이는 방법입니다. 이렇듯 시장에 빠르게 부딪쳐 가면서 새로운 version의 사업 모델을 반복적으로 만들어 가는 과정에 필요한 것이 "Move Fast"이지요. 완벽한 사업 모델을 만들어 일거에 시장에서 성공하기를 바라기보다는 빠르게 반복적으로 시장에서 시행착오를 하며 보완해서 사업 모델을 완성 시켜가는 방법이 신사업 발굴 성공 확률을 높이는 가장 좋은 방법이고 실제로 많은 스타트업 회사들이 이런 방법을 쓰고 있고, 이미 대기업이 되었지만 지속적으로 새로운 사업 모델을 만들어 가고 있는 구글도 철저히 계획하고 실행하는 방식이 아닌 빠른 실험을 통해 가설을 검증하며 기존의 것을 파괴하는 방식으로 새로운 사업모델을 만들어 가고 있습니다.

그런데 사업 모델의 version을 계속 Up Grade하는 과정이 쉽지만은 않습니다. 새로운 사업 모델을 가지고 시장에 부딪쳐 보면 잘 되는 이유보다는 안 되는 이유가 더 많을 수밖에 없고, 계속 시행착오를 거치며 수정 보완을 해도 그 노력에 대한 결실은 크게 다가오지 않고 계속 제자리를 맴도는 듯 느껴지며, 많은 경우 이러한 과정을 거치며 중도에 포기하는 경우가 많습니다. 하지만 반드시 성공시키겠다는 신념을 가지고, 시행착오에서 오는 교훈을 바탕으로 기존 방식의 연장선만이 아닌 새로운 아이디어를 지속적으로 찾아내어 한계 돌파를 시도하다 보면 점점 성공 체험이 늘어나고, 이러한 성공 체험이 사업 성과로 연결되면서 성과 창출에 가속도가 붙게 되면 성공의 단계로 진입하게 되어 그동안의 노력이 신사업의 성공이라는 결과를 만들어 내게 되는 것이지요. 이렇듯 작은 규모로 시작해서 빠르게 시장의 반응을 반영하는 사업 모델 개발을 반복적으로 하면서 사업을 키워가는 방식을 "Spiral Growth", 즉 "나선형 성장"이라고 부릅니다.

이제 위의 세 가지 영어 표현을 묶어서 정리해 볼까요? 새로운 사업을 기획할 때 첫 번째로 가져야 할 자세는 Think Big입니다. 크고 넓게 시장의 패러다임 변화를 읽어 내어 새로운 사업 모델을 만드는 것이 중요한데 이 과정에서 너무 완벽한 사업 계획과

## Spiral Growth

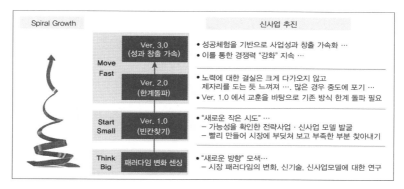

사업 모델을 만들려고 시도하기보다는 시장의 반응을 테스트 해 볼 수 있을 정도의 작은 규모로 만들어 시장에 출시하게 되면 Start Small과 Fire가 되겠지요. 그리고 ver. 1.0의 사업 모델을 만들어 빠르게 시장에 출시해서 시장의 반응을 보며 보완해서 새로운 version의 사업을 만들어 가는 과정을 빠르게 반복해 가며 사업의 완성도를 높여 가는 과정이 Move Fast와 Aim이 되겠지요. 그리고 작은 규모로 출발한 사업을 반복적인 시행착오 과정을 거쳐 보완하며 사업의 완성도를 높이고 지속적인 성장을 만들어 규모를 키워 가는 방법을 Spiral Growth로 표현하는 것입니다.

그리고 위와 같은 신사업을 만들어 가는데 필요한 사고방식과 더불어 새로운 사업 모델을 만들어 가는데 유용한 창의적 혁신 방법론으로 Design Thinking이라는 Stanford Business School에서 가르치고 있는 방법론을 간단히 소개하도록 하겠습니다.

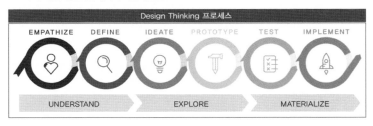

**Design Thinking 프로세스**

기존 혁신의 관점은

기술 (Technology)

비즈니스 (Business)

사람 (People)

사람들의 숨겨진 니즈와 근원적인 가치를 발견하고, 디지털기술을 적용하여 차별적인 솔루션을 찾아 혁신을 추구해야 함

새로움을 발견하는 창의적 혁신 방법은...

Design Thinking 프로세스

EMPATHIZE　DEFINE　IDEATE　PROTOTYPE　TEST　IMPLEMENT

UNDERSTAND　　　EXPLORE　　　MATERIALIZE

　Design Thinking이라는 창조적 혁신 방법론은 원래 IDEO라는 디자인 컨설팅 회사와 Stanford Business School이 학생들에게 창조적 신사업 모델 개발을 가르치기 위해 기존의 경영학적인 접근과는 다른 디자인적인 접근을 결합해서 만들어 낸 방법론으로 이후 SAP가 많은 돈을 이 과정에 기부하여 발전시킨 방법론으로 많은 기업과 학교에서 신사업 기회 발굴 방법론으로 사용하고 있습니다. Design Thinking이 기존의 경영학적인 접근과 다른 점으로는, 기존의 혁신 관점은 기술과 비즈니스를 놓고 이 둘의 새로운 결합을 통해 혁신을 찾아나가는 데에 비해, Design Thinking은 기술과 비즈니스 외에 사람의 관점을 추가하여 사람을 중심에 두고 사람들의 숨겨진 니즈와 근원적인 가치를 발견하고 이에 새로운 기술을 적용함으로써 차별적인 솔루션을 찾아가는 과정을 Prototype과 Test 과정을 빠르게 반복하며 새로운 사업 모델을 찾아가는 방법입니다. 앞서 설명 드린 세 가지 접근법, Ready－Fire－Aim, Think Big－Start Small－Move Fast, Spiral Growth의 기본 사상이 모두 반영되어 있는 방법론입니다.

### Open Innovation

세 번째로 만들어 가야 할 패러다임의 변화는 새로운 것이라기보다는 이미 많은 기업들이 채택하고 있지만 4차 산업혁명 시대에 더욱 필요한 사업 방식입니다. 이미 여러 차례 강조가 되었지만 4차 산업혁명 시대에 만들어질 변화의 폭과 속도는 지금까지 인류와 기업들이 경험해왔던 변화보다 더 폭넓고 빠르게 진행될 것으로 예상되고 있습니다. 따라서 이러한 변화의 폭과 속도를 대응해가며 새로운 혁신을 만들어 감에 있어 한 조직이나 기업 내부의 자원만으로는 한계가 있을 수밖에 없고, 특히나 새로운 기술 확보와 신사업의 빠른 진출을 통해 글로벌 무한 경쟁시대에서 살아남기 위해서는 외부의 다른 조직과 협업을 하며 외부의 자원을 활용하여 혁신을 만들어 가는 Open Innovation이 더더욱 필요할 수밖에 없습니다.

Open Innovation은 이미 다양한 기업들이 시도하고 있는 사례들이 발표되고 있으며 그 형태도 다양합니다. 첫째로 디지털 기업 선두 주자인 페이스북과 마이크로소프트가 Open Neural

Network Exchange를 통하여 AI 기술 연구 개발에 협력하고 있는 디지털 기업간의 협력 사례가 있으며, 두 번째 사례는 전자상 거래 기업인 아마존이 미국 유기농 전문 식료품 유통기업 홀푸드 마켓을 약 15.5조원에 인수하여 신선 식품 오프라인 마켓에 진출하는 디지털 기업이 M&A를 통해 기존 산업에 진출하는 사례이며, 세 번째 사례는 전통 자동차 메이커인 토요타가 MIT Media Lab 및 블록체인 기업들과 전기차, 자율주행차, 차량 공유 등에서 발생하는 데이터를 안전하게 저장하는 미래사업 기술들에 적극적으로 함께 투자하고 있는 사례입니다. 이외에도 다양한 Open Innovation의 사례들이 쏟아져 나오고 있으므로 이러한 사례들을 잘 참고 하여 Open Innovation을 활용하여 자신의 조직에 부족한 역량을 보완하여 빠른 속도로 4차 산업혁명에 대응해 가는 방법을 찾아야 하겠습니다.

**Open Innovation 사례**

| ❶ 디지털 기업간 협력 | ❷ 디지털 기업의 기존산업 진출 | ❸ 기존사업의 디지털 기술 활용 |
|---|---|---|
|  |  |  |
| 디지털 기업 선두주자인 페이스북과 마이크로소프트가 Open Neural Network Exchange 를 통하여 AI 기술 연구개발에 협력함 | 전자상거래 기업 아마존은, 미국 유기농 전문 식료품 유통기업 홀푸드 마켓을 약 15.5조원에 인수하여 오프라인 유통업에도 진출함 | 전통 자동차 Maker인 토요타는 MIT Media Lab 및 블록체인 기업들과 전기차, 자율주행차, 차량 공유 등에서 발생하는 데이터를 안전하게 저장하는 미래사업 기술들에 적극적으로 투자함 |

## 4차 산업혁명에 대한 각국의 대응 전략

사회·경제적으로 큰 변화가 닥쳐올 때 이를 국가나 사회 전체가 이를 효과적으로 대응해 나가기 위해서는 정부가 나서서 변화 방향에 맞는 미래 지향적인 국가의 큰 아젠다를 적절히 설정해서 국민들과 컨센서스를 이루고, 이에 국가 전체적인 역량을 결집해 지속적이고 장기적으로 추진해 가는 노력이 있어야만 그 국가의 경쟁력이 향상될 수 있다는 것은 이미 역사적으로 여러 차례 입증된 바 있고 그 결과가 오늘날의 국가 경쟁력의 차이를 보여주고 있습니다.

그러면 4차 산업혁명에 대해 선진국을 중심으로 한 여러 국가들이 어떻게 대응하고 있는지 그 추진 전략을 살펴보도록 하겠습니다.

### 독일

4차 산업혁명이라는 새로운 선언이 나오는 데 가장 큰 영향을 미친 독일은 인더스트리 4.0이라는 아젠다로 산업 정책을 수립해서 4차 산업혁명기에 이를 독일이 주도할 수 있도록 많은 지원을 하고 있습니다. 기본전략은 독일의 강점인 제조업 강국의 생태계 전체를 더욱 경쟁력 있는 구조로 전환하기 위해 IOT를 중심으로 한 4차 산업의 핵심 기술들을 활용하여 각 공장의 고성능 기기들에 다양한 센서를 설치하고 이를 활용해 설비, 제품, 부품, 작업자 간의 상호 커뮤니케이션이 가능한 IOT 기반의 초연결 환경을 구축하고, IOT를 통해 수집된 방대한 정보들을 빅 데이터 분석을 통해 사람-기기, 기기간의 실시간 의사결정에 필요한 정보를 제공하여 사람과 기계 설비 간의 실시간 협업이 가능한 지능형 생산 체계를 만들고, CPS<sup>Cyber Physical System</sup>라고 하는 가상 환경의 공장과 실물 공장을 가상 환경에서 Simulation을 통한 사전 검증을 하고 이를 실 공장 환경에 자동 적용하는 실물과 가상 공장을 융합하는 수준까지 끌어올리겠다는 비전을 가지고 지멘스를 비롯한 독일 기업들과 긴밀한 협력을 하면서 추진하고 있습니다.

## 미국

미국은 4차 산업혁명이라는 용어가 다른 나라에 비해서 그다지 보편화되지 않고 있습니다. 3차 산업혁명이나 4차 산업혁명 같은 산업혁명이라는 관점보다는 그동안 미국이 주도해 온 IT와 디지털 산업이 인공지능과 IOT 등의 새롭게 부각되는 기술로 인해 고도화 해가는 것으로 인식하는 경향이 강하며, 4차 산업혁명에 의한 산업의 혁신보다는 여전히 디지털 트랜스포메이션이라는 용어가 기업 혁신에 더 많이 사용되고 있습니다. 산업 인터넷<sup>Industrial Internet</sup>이라는 아젠다를 중심으로 GE, Cisco, IBM, Intel, AT&T 등 163개 관련 기업과 단체가 참여한 IIC<sup>Industry Internet</sup>

Consortium을 2014년 3월에 결성하여 대응해가고 있으며, IOT를 통해 수집된 데이터를 활용해 인공지능 처리와 빅 데이터 해석을 하는 사이버 공간에서 만들어진 지령을 클라우드를 통해 공장 및 기계 설비들에 보내 처리하도록 하는 산업 인터넷, 인공지능, 클라우드 등이 결합된 모델을 만들어 가고 있습니다. 이는 독일의 제조업 중심의 인더스트리 4.0 모델과 유사한 형태로 독일보다는 국가의 리더십이 약해 추진력도 떨어지는 것으로 보입니다.

### 일본

일본은 일본이 강점을 가지고 있는 제조업에 IOT와 로봇을 중심으로 결합하여 4차 산업혁명 시대에 글로벌 리더십을 가져가 겠다는 전략을 펼치고 있습니다. 2015년 로봇 혁명 실현 회의와 148개 국내외 로봇 관련 기업과 단체가 참여한 로봇 혁명 이니시어티브 협의회를 결성하여 "로봇 신 전략Robot Strategy"를 수립하고 로봇 기반 산업 생태계 혁신 및 사회적 과제의 해결을 선도해 가고 있습니다. 로봇을 기축으로 IOT, CPS 혁명을 주도하겠다는 전략입니다. 이러한 국가의 전략과 발맞추어 적극적으로 변신 중인 기업이 바로 FANUC입니다. FANUC은 센서 기술은 미국의 Rockwell, 네트워크 기기 및 하드웨어는 시스코와 협력을 하고 IOT 시스템의 개발과 운영에는 시스코, NTT와 인공지능 기술은 일본의 인공지능 분야 스타트업 회사인 프리페어드 네트웍스와 협업을 하여 기계들이 협업을 실현하고 고장 등을 예측하는 시스템을 구축하였습니다. 그리고 더 나아가 2016년 11월에는 일본에서 열린 국제 공작기계 전시 상담회에서 API를 공개하여 FANUC이 개발한 IOT 시스템을 250개의 타기업 기계와 연결하는 결과를 보여줌으로써 많은 기업들이 IOT 시스템의 개발에 참여하도록 독려하였습니다.

이러한 제조업 분야 외에도 일본은 정부기관인 금융청이 2017년 4월 비트코인을 결제 수단으로 공식 인정하고, 7월에는 암호 화폐에 대한 소비세 비과세를 발표하여 상품권과 동일한 지급 수단으로 인정하였으며, 10월부터는 암호 화폐 거래의 전문 모니터링 전문 팀을 설치하는 등 정부가 암호 화폐 활성화를 위한 개방적인 정책을 펼쳐나가고 있습니다. 이와 더불어 미즈호 파이낸셜 그룹, SBI 홀딩스와 같은 금융 기관들은 2020년 도쿄 올림픽을 겨냥해 블록체인 기술을 활용한 암호 화폐 상용화를 시도하는 등 다른 나라들보다는 적극적으로 암호 화폐 활성화에 힘을 기울이고 있습니다. 이 결과 2017년 10월 기준 전세계 암호 화폐 거래 시장에서 일본의 점유율이 56.7%에 이르고 있습니다.

## 중국

중국은 4차 산업혁명에 대한 대응을 국가 주도로 가장 활발하게 펼치고 있는 국가입니다. 지금까지 살펴본 독일, 미국, 일본이 제조업의 혁신에 치우친 아젠다를 중심으로 정부의 4차 산업혁명 대응 전략이 추진되고 있는 경향을 보입니다만, 중국의 경우에는 "중국 제조 2025"라는 제조업의 혁신을 추진하기 위한 전략 외에도 인공지능, 모바일, 드론, AR/VR 등 다양한 영역에서 4차 산업혁명의 핵심 기술들이 개발되고 여러 산업에 융합되는 사례를 만들어 가고 있으며, 이러한 사례들을 사업화 하기 위한 스타트업의 장려와 규제 정책 등에서 다른 어느 국가보다도 가장 적극적인 모습을 보이고 있습니다.

먼저 제조업의 혁신을 지원하기 위한 "중국 제조 2025"부터 살펴보도록 하겠습니다. 중국 정부는 2015년 6월 국가제조강국건설 전략자문위원회를 정부 주도로 구성해서 2025년까지 중국의 제조업 경쟁력을 혁신하기 위한 "중국 제조 2025" 전략을 수립하고 이를 강력하게 추진 중이며 이어 민간 기업 등으로 구성된 전문 자문 위원회를 설립해서 민간과 협업을 하며 진행해 나가고 있습니다. 전략의 중심은 그동안 중국이 발전시켜 왔던 노동 집약형 제조업을 기술 집약형 스마트 제조업으로 바꾸고자 함에 있으며, 4차 산업혁명의 핵심 기술을 활용한 생산 스마트화로 제조업 품질을 제고함과 더불어 부가가치가 높은 제조업으로 전환해서 글로벌 제조 강국 대열에 편입하고자 하는 전략입니다. 최근 진행 중인 미국과 중국 간의 무역 분쟁 중에도 미국이 중국의 부상을 견제하기 위해 "중국 제조 2025" 전략에 해당되는 제품들에 고율의 관세를 매기겠다는 발표를 하였듯이 "중국 제조 2025" 전략의 추진을 여러 나라가 경계를 하고 있는 실정입니다.

중국은 이외에도 "인터넷 플러스"라고 하는 국가 전략을 중국 산업 정책 핵심 과제로 13차 5개년 계획에서 발표하여 제조 강국 만이 아니라 인터넷 강국으로 도약하고자 하는 강한 의지를 보이고 있으며, 최근에는 산업화에서는 중국이 늦어 수천 년 동안 누려온 글로벌 리더십을 잃어 고생을 했지만 이제 정보화라고 하는 새로운 기회가 찾아와 이를 활용해 다시 글로벌 리더십을 찾아야 한다는 시진핑 주석의 중국몽 관련 발언이 나오듯이 인터넷과 스마트 기술에 대한 투자를 정부가 적극적으로 지원하고 민간 기업 들도 이 분야에 대한 투자를 다른 어떤 나라보다도 더 활발히 하고 있습니다.

인터넷 플러스의 최우선 육성 사업으로 빅 데이터 사업을 지목해서 2020년까지 빅 데이터 관련 제품과 서비스 매출을 2015년의 4배가량인 1조 위안으로 늘리겠다는 국가 목표를 설정하였으며, 이를 위해 정부가 직접 빅 데이터 산업 육성 토대를 만들어 사업 기회를 제공하고, 이에 알리바바를 비롯한 중국의 혁신 기업들이 참여토록 유도하는 등 정부와 민간 기업들이 손을 잡고 빅 데이터 시장을 키워 가고 있습니다. 이러한 빅 데이터 사업은 중국이라고 하는 거대 시장에서 발생하는 빅 데이터를, 개인정보 보호를 엄격히 다루고 있는 다른 선진국과는 달리 민간 기업들이 자유롭게 활용할 수 있도록 환경을 만들어 주어 빅 데이터 관련 기술과 새로운 사업 모델들을 다른 어느 나라보다 활발히 개발해 갈 수 있는 시장이 조성됨에 따라 이 분야에서 새로운 창업이 쏟아지고 있습니다.

이러한 빅 데이터 사업이 단순한 빅 데이터 사업이 아니라 인공지능 사업으로 발전해서 인공지능 관련 사업에서 미국을 활발히 추격 중에 있으며 일부 사업 영역에서는 이미 미국을 추월한 사례들이 나오고 있습니다. 그중에 가장 대표적인 기술이 인공지능 기술의 최근 화두인 딥러닝을 응용한 안면 인식 기술로써 중국 13억 인구의 얼굴 이미지 데이터를 활용하여 사람들을 인식하는 기술을 개발하였고, 이 기술을 중국 정부의 공안이 활용하여 전 국민 안면 자료의 데이터 베이스화와 전국적으로 주요 장소에 CCTV를 설치하여 길거리를 지나는 사람들의 얼굴을 실시간으로 인식하여 공안이 관리하고자 하는 인물을 찾아내는 시스템을 만들어 이미 활용 중에 있으며, 조지 오웰의 소설 1984에 나오는 빅브라더를 실제로 현실에서 구현한 사례를 만들었습니다.

이렇듯이 정부가 제공하는 빅 데이터와 사업 기회를 활용하여 민간 기업들이 빅 데이터와 인공지능 기술의 개발은 물론 새로운 사업 모델도 만들어 가고 있습니다. 최근에 발표되는 자료를 보면 인공지능 기술과 관련되어 새로 발표되는 국제적인 논문 수에서 중국이 이미 미국을 추월하기 시작했다고 하며, 특히 인공지능 기술의 응용과 관련한 사례 면에서는 압도적으로 중국이 앞서고 있다고 합니다.

이런 일련의 중국 기업과 정부의 인공지능 분야에 대한 투자 의지를 단적으로 보여주고 있는 사례로 중국의 구글로 불리는 바이두가 앞으로 3년간 10만 명의 인공지능 인재를 양성하겠다는 선언을 최근에 하였습니다. 2018년 4월 베이징에서 열린 "글로벌 모바일 컨퍼런스"에서 장야친 바이두 총재는 바이두가 설립한 AI 인재 양성 기관인 윈즈 아카데미를 통해 3년간 10만 명의 AI 인재를 배출할 계획이고 5년 뒤에는 AI 분야 세계 1위인 미국을 따라잡을 수 있을 것이라고 발표하였습니다. 또한 2016년 AI 분야에 대한 양국 정부의 투자를 비교하더라도 미국은 12억 달러인 반면에 중국은 55억 달러를 투자하였고 매년 이 규모 이상으로 투자를 하겠다는 중국 정부의 의지가 강합니다.

중국 정부가 AI 분야 투자에 힘을 쏟고 있는 이유 중의 하나는 중국이 가지고 있는 방대한 데이터라는 강점이 인공지능 기술은 미국을 추월할 수 있다는 가능성을 보여주기 때문입니다. AI는 얼마나 많은 데이터를 확보하느냐가 AI 알고리즘의 정교함과 기술적 진보를 좌우하게 되는데, 모바일 인터넷 사용자 7억 5천만 명이 포털을 검색하고, 모바일로 결제를 하고, 온라인 상에서 쇼핑, 음식 배달, 차량 호출을 하는 중국에서는 어느 나라보다도 거대한 빅 데이터가 양산되고 있고, 중국 기업들은 이 데이터에 거의 무제한 접근할 수 있기 때문에 미국이 기본적인 AI 알고리즘을 선도한다고 하여도 중국 데이터를 활용해 알고리즘의 정확도를 높이는 응용 분야에서는 미국을 추월할 수 있다고 보는 것이지요.

AI는 경제 발전 이외에도 사회 통제와 군사력 강화라는 중국 정부의 숨은 전략을 실현하는 핵심 도구이기도 한데 중국 정부는 전 국민의 주민등록정보와 안면 인식 기술을 접목해 13억 인구 누구라도 본인 확인을 할 수 있는 시스템을 갖추었습니다. 이러한 인공지능 분야에 대한 집중적인 투자를 바탕으로 2017년 7월에 중국 정부는 "2030년 인공지능 세계 1위 강국"이라는 목표를 공식화 했듯이 그만큼 자신이 있다는 반증이라고 보여집니다.

중국의 공안이 안면 인식 기술을 활용한 프로젝트를 진행하면서 있었던 에피소드 중의 하나가 전세계적인 GPU 칩의 품귀 현상이었습니다. 앞서 인공지능 기술의 발전을 설명하며 인공지능 기술이 발전하는데 기여한 인프라 기술의 하나로 엔비디아가 개발한 GPU 칩이 설명된 바 있었습니다. 그런데 중국 정부가 안면 인식 처리를 위한 프로젝트를 전국적으로 확대하며 이에 필요한 GPU 칩에 대한 주문을 단기간에 크게 늘리는 바람에 전 세계적으로 GPU 칩의 품귀 현상이 나타났고, 그 여파가 노트북 컴퓨터에 당연히 탑재되어 만들어지던 GPU 칩이 부족해서 한 때 우리나라에서 팔리는 노트북 컴퓨터에 GPU가 없는 상태로 공급되는 상황이 벌어지게 된 것이지요. 그만큼 중국이라는 나라가 인공지능 분야에 미치는 영향이 커지고 있다는 사실을 반증하는 사례입니다.

## 한국

그러면 우리나라는 4차 산업혁명에 어떠한 국가 전략을 가지고 대응해 가고 있을까요? 정부를 비롯한 여러 기관에서 4차 산업혁명을 언급 하고 있고 다양한 처방들을 발표하고 있습니다만 그 무게감이 느껴지지 않고 있는 것은 저뿐일까요?

우리나라의 4차 산업 정책을 총괄하는 조직은 2017년 8월에 대통령 직속 기구로 국무회의 의결을 거쳐 설치된 "4차 산업혁명위원회"입니다. 설립 취지는 초연결 초지능의 4차 산업혁명 도래에 따른 과학기술, 인공지능 및 데이터 기술 등의 기반을 확보하고, 신산업, 신서비스 육성 및 사회 변화 대응에 필요한 주요 정책 등에 관한 사항을 효율적으로 심의·조정하기 위하여 설치된 것으로 되어 있으며, 4차 산업혁명위원회는 4차 산업혁명에 대한 종합적인 국가 전략 수립에 관한 사항, 4차 산업혁명의 근간이 되는 과학기술 발전 지원, 인공지능 정보통신 기술 등 핵심 기술 확보 및 벤처 등 기술 혁신 형 연구 개발 성과 창출 강화에 관한 사항, 4차 산업혁명 선도 기반으로서 데이터 및 네트워크 인프라 구축에 관한 사항 등을 심의·조정하는 역할을 하는 것으로 되어 있습니다.

　지금까지 5번의 회의가 진행되었습니다만, 2017년 10월의 1차 회의에서는 사람중심의 혁신 성장을 키워드로 발표하였으며, 고용노동부는 4차 산업혁명을 선도할 직업 인력 개발, 금융위원회는 자유로운 시장 진입 환경 조성, 국토교통부는 스마트 국가 건설, 과기정통부는 규제 개선, 핵심 기술력 확보, 산업통상자원부는 스마트제조강국 실현, 국방부는 4차 산업혁명에 걸맞은 방위 산업 육성 등의 정책을 발표하였고 우리나라 실정에 맞는 장기적인 로드맵을 계획하자는 의견이 제시되었습니다. 2017년 11월에 개최된 2차 회의에서는 4차 산업혁명에 대응하기 위한 비전과 추진 과제를 공유하는 것이 주요한 안건이었습니다. 이날 회의에서는 의료, 제조, 이동체, 에너지, 금융 물류, 농수산업 시티, 교통, 복지, 환경, 안전, 국방 등의 12개 지능화 혁신 프로젝트를 Key Driver로 추진키로 하였고, 이 중에서 의료 분야 혁신 방안을 구체화 하는 헬스케어 특별위원회를 구성하는 것이 주 안건이었습니다. 그리고 2017년 12월에 개최된 3차 회의에서는 4차 산업혁명 대비 초연결 지능형 네트워크 구축 전략, 2020 신산업 생활 주파수 공급 계획, 드론 산업 기반 구축 방안 등을 의결하였습니다. 2018년 1월에 개최된 4차 회의에서는, 도시 혁신 및 미래 성장 창출을 위한 스마트시티 추진 전략이 발표되었고 이어 세종시와 부산시가 스마트시티 국가 시범 도시로 선정되었습니다. 2018

년 3월에 개최된 5차 회의에서는 스마트 공장 확산 및 고도화 전략이 의결되었고 4차 산업혁명에 따른 인력 수요 전망이 보고되었습니다. 이후 6차와 7차 회의에서는 AI 활성화를 위한 R&D 전략과 데이터 산업 활성화 전략이 논의되었습니다(4차 산업혁명위원회 홈페이지).

하지만 출범 1년을 앞두고 있는 4차 산업혁명위원회는 스마트 시티 등 일부 과제에서는 밑그림을 그리고 시동을 걸었습니다만 아직 과거의 규제 틀에서 벗어나지 못하고 새로운 사업모델들이 활성화되기 위한 기반을 만들어 가는 데에는 한계를 보이고 있다는 평이 많습니다. 중국처럼 과거보다는 미래를 보고 새로운 사업을 만들어 가는 추진력이 필요해 보입니다.


## 고용시장의 변화와 대응

4차 산업혁명이 본격화 되었을 때 많은 사람들이 걱정하고 있는 이슈가 고용 시장의 변화에 따른 혼란입니다. 지금까지의 세 번의 산업혁명에서도 나타났듯이 새로운 기술이 도입됨으로 인하여 없어지는 직업과 일자리가 나타나게 되고 또 이와는 반대로 새로운 직업과 일자리가 나타나는 고용시장의 구조에 변화가 오게 됩니다. 이번에도 4차 산업혁명이 진전되면 인공지능이나 로봇 등의 새로운 기술이 등장함으로 인하여 지금까지와는 다른 개념의 자동화가 진전될 것이고 그 결과로 단순 반복적인 인간의 일자리를 대체하여 기존에 존재하던 일자리가 없어져 새로운 직업을 찾지 못한 사람들이 실업의 위험에 노출될 것이라고 하는 걱정이 큽니다.

이와 유사한 사례가 1차 산업혁명 당시에도 있었습니다. 공장에 기계가 도입되어 사람의 노동을 대체함으로써 일자리를 잃어버린 노동자들이 이에 반발해 일자리를 대체해 나가던 기계를 때려 부순 러다이트운동이라는 극단적인 현상까지 나타났었습니다. 하지만 그 당시에도 단기적으로는 기계가 노동력을 대체해서 일자리를 줄였지만, 장기적으로는 생산성 증가로 인한 경제 성장으로 더 많은 일자리가 생겨나 농민들이 노동자로 대거 이동하는 사회적인 변화가 발생하였습니다. 이후의 2차와 3차 산업혁명을 거치면서도 새로운 기술로 인해 없어진 일자리와 새로 생겨난 일자리가 고용시장의 구조에 변화를 불러왔습니다만, 결과적으로는 신기술의 도입이 전체적인 생산성과 경제 규모의 증가를 불러와 지난 150년 동안 인구 증가가 빠른 속도로 진행되었음에도 불구하고 전체적인 일자리가 늘어나 개인들의 평균 소득은 크게 늘어난 결과로 나타났습니다. 이번에도 4차 산업혁명의 진행으로 일자리 전체가 늘어날 것인지 줄어들 것인지에 대해서는 다양한 연구기관에서 발표를 하고 있고 그 의견도 엇갈리고 있습니다. 따라서 이 문제에 대해서는 좀 더 시간을 가지고 지켜보며 연구해야 할 대상으로 보입니다만 단기적으로 보았을 때 4차 산업혁명의 진행과 더불어 고용시장에 변화가 오고 있는 것만은 분명합니다.

인더스트리 4.0이 활성화 되어 로봇, 3D 프린터 등을 이용한 제조로 개념이 바뀌게 되면 지금까지 많은 고용 효과를 만들어 내던 공장의 현장 생산 노동자가 당연히 줄어들게 될 것이고, 단순 고객 응대를 하던 텔레마케터도 인공지능 기술이 접목되어 컴퓨터가 고객에 대한 문의를 해결해 주는 시스템이 도입되면 전부 없어지지는 않겠지만 그 수는 줄어들 수밖에 없겠지요. 그리고 이러한 직업 형태의 변화는 4차 산업혁명의 진전과 더불어 유통, 운수업 등과 같은 저임금 단순 노동이 보편적인 서비스 산업에서 가장 크게 일어날 것으로 보고 있습니다. 아마존이 실험하고 있는 "Amazon Go"라고 하는 무인점포 시스템이 미국만이 아니라 중국에서도 2위 전자상거래 업체인 JD 닷컴이 중국 전역에 무인 편의점을 보급하겠다는 계획을 가지고 테스트 중에 있으며, 자율 주행 기술이 발전됨에 따라 이미 자율 주행 트럭이 여러 나라의 고속도로에서 시험 주행 단계를 넘어서고 있으며 무인 택시, 버스 등이 상용화 되면 트럭, 버스, 택시 운전사라고 하는 직업이 사라질 수도 있겠지요.

그리고 이러한 저임금 단순 노동자만이 아니라 최근에는 미국 월스트리트 인베스트먼트 뱅크의 대표적인 기업 골드만삭스에서 투자 분석을 하고 고임금을 받아오던 어낼리스트들이 인공지능 기술이 만들어낸 투자 분석 엔진으로 거의 대체되었다라는 기사를 보면 그 파장은 심상치 않아 보입니다.

최근 4차 산업혁명이 일으킬 직업 구조 변화에 대해 발표된 자료를 보면, 2025년 일자리를 잃게 될 국내 노동자가 70%에 이르고, 현재 8세 아이 중 지금 존재하지 않은 신 직업을 갖게 될 비율이 65%, 2018년에는 50%의 기업에서 종업원보다 스마트 기계의 수가 더 많아질 것이라고 하기도 합니다. 그리고 2016년 WEFWorld Economic Forum이 발표한 자료에 의하면 2020년까지 전 세계적으로 로봇과 인공지능이 약 710만개의 일자리를 대체할 것으로 보고 있으며 이에 반해 신기술이 창출할 일자리는 200만개 정도로 앞으로 2~3년 사이에 약 500만개의 일자리가 없어질 것으로 보는 등 대단히 비관적인 견해도 있습니다. 하지만 이런 분석들은 아직까지는 많은 가정을 전제로 해서 만들어진 숫자이고 아직 4차 산업혁명의 초입에 있기 때문에 막연한 불안감만 가지고 변화에 대해 저항을 하기보다는 4차 산업혁명이 가져올 변화를 냉정히 분석하고 어떻게 그 변화에 올라타 변신할 것인가를 고민하는 것이 더욱 중요하다고 하겠습니다.

이미 1, 2, 3차 산업혁명을 거치면서 고용시장에 일어난 변화들을 보았습니다만, 세 번 모두 공통적으로 단기적으로는 직업이나 고용 형태의 구조에 변화가 있었지만 장기적으로는 총량적으로 일자리가 늘어났으며 이번 4차 산업혁명의 경우에도 마찬가지 결과가 될 것이라고 보고 있습니다. 단지 그 구조 변화에 누가 빨리 적응해 갔느냐에 따라 국가와 개인의 경쟁력에 차이를 가져오겠지요. 이번 4차 산업혁명을 맞이해서도 막연한 불안감을 가지고 변화에 저항하기보다는 변화를 선제적으로 대응해서 국가와 기업, 개인의 경쟁력을 어떻게 빨리 새로운 변화에 맞추어 바꾸어 갈 것인지에 대한 국가와 기업, 개인 모두 같이 고민해야 할 것으로 생각됩니다.

## 교육 정책과 시스템의 변화 방향

하지만 4차 산업혁명으로 인해 직업과 고용의 구조에 크고 빠른 변화가 밀어 닥치고 있는 지금 우리나라의 교육 정책과 시스템이 이대로 가도 좋을지에 대해서는 저뿐만이 아니라 많은 분들이 불안감을 가지고 바라보고 있고 이를 어떻게 풀어가야 할지에 대해 고민들은 많이 하고 있지만 아직 그 해결책은 제대로 찾지 못한 것으로 보입니다. 최근에 사회적으로도 큰 이슈가 되고 있는 대입제도의 논의 과정을 보더라도 과연 교육이 왜 필요하며 교육을 통해 어떤 사람들을 길러내야만 육성된 사람들이 사회에 진출해서 경쟁력 있는 사회생활을 할 수 있는가에 대한 본질적인 고민보다는 지금 있는 제도를 교육 시장의 여러 이해 관계자가 단지 자기의 입장과 관점에서만 보고 유·불리를 따져 단기적인 시각에서 대입제도를 계속 바꾸어 가는 현상이 반복되고 있는 것을 보더라도 아직 갈 길이 멀어 보입니다.

그런데 지금 우리나라의 교육 문제가 대입제도만 손보면 모두 해결 될까요? 저는 우리나라의 사회 관습과 국민들의 교육에 대한 인식이 쉽게 바뀌지는 않을 것으로 보입니다만 지금 일부라도 바꾸는 시도는 해야 할 때라고 생각합니다. 특히나 4차 산업혁명이라고 하는 전세계적인 큰 변혁이 밀려오고 있는 지금 이를 어떻게 대응해 갈 것인지가 앞으로 우리나라 전체의 경쟁력을 좌우하게 될 것이며, 산업혁명에 대한 대응의 차이가 국가의 운명을 바꾼 사례들을 1, 2, 3차 산업혁명의 역사에서 이미 살펴본 바 있듯이 이제라도 서둘러서 4차 산업에 대응하기 위한 노력, 그중에서도 교육제도를 어떻게 바꾸어 가야 하는지에 대한 본질적인 고민이 필요해 보입니다.

4차 산업혁명에 대응하기 위해서는 우리나라의 교육을 어떤 관점에서 고민해 보아야 할지를 세 가지 정도로 정리해 보았습니다.

첫 번째는, 우리나라의 교육제도는 대학 입시가 모든 제도를 좌지우지하고 있는 것이 큰 특징입니다. 대학에 들어 가 전문 교육을 받기 전의 유년기와 소년기에 어떤 교육을 받아야만 개인의 인생과 국가사회의 발전에 도움이 될 것인가라는 큰 담론을 가지고 사회와 경제, 산업의 변화에 맞추어 유년기와 소년기의 교육에 대해 큰 틀에서 고민을 하지 않고 대학 입시 제도를 통해 단기적으로 모든 교육의 방향성을 유도해 가다 보니, 평등이라는 미명 하에 모든 학생들을 대학 입시 학원과 같은 환경에서 같은 교육을 받고 암기 위주의 교육을 시키고 있습니다. 이러다 보니 학생 개개인의 다양성과 창의성이 키워지지 않는 일률적인 교육이 되어 버렸고 객관식 문제를 푸는 기계로 키워지고 있는 것이 현실입니다.

그런데 4차 산업혁명 시대에는 단순한 지식을 암기해서 재생하는 능력은 AI를 비롯한 스마트 기술에 의해 대체될 것이 분명해 지고 있고, 인간들은 기계가 할 수 없는 창의적인 영역에서 역할을 수행하는 역량을 개발해야 한다는 것에 대해서는 많은 사람들이 공감하고 있습니다. 그리고 디지털과 스마트 기술이 지배하는 4차 산업혁명시대에는 평범한 사람보다는 애플의 스티브 잡스 같은 사람을 길러 내야만 글로벌한 경쟁력을 갖는 사업을 만들어 낼 수 있으며 이렇게 소수의 창의적인 사람들이 만들어낸 사업에 많은 사람들이 편승해서 먹고 살 수 있다고 주장하는 사람들이 많습니다. 그런데 현실의 우리의 교육제도는 이와는 정반대로 가고 있는 것이지요.

이제라도 4차 산업혁명이라는 큰 변혁이 오고 있다고 떠들기만 할 것이 아니라, 산업화 시대에 만들어진 평등을 너무 앞세워 모든 사람들이 같은 교육을 받고 대학 입시에만 모든 것을 거는 일률적인 암기식 교육에서 탈피해서, 다양성과 창의성, 그리고 수월성을 키워 갈 수 있는 교육이 가능하도록 유년기와 소년기의 교육제도를 바꾸어 가야 하지 않을까요?

두 번째는, 대학에 입학한 후의 전문 교육도 4차 산업혁명 시대가 열리고 있는 이 시점에서는 새로운 시각에서 고민이 이루어지고 재편되어야 할 것으로 보입니다. 앞서 4차 산업혁명 시대를 특징짓는 키워드로 초지능과 초연결, 융합을 꼽은 바 있습니다. 4차 산업혁명 시대를 살아갈 전문지식을 키워가야 하는 대학 교육에서도 모든 교과 과정을 일률적으로 이러한 방향에 맞출 필요는 없겠습니다만 적어도 대학이라는 전문 교육을 받고 사회에 진출하는 젊은이들에게 자신이 활약할 각 분야에서 4차 산업혁명 시대에 필요한 지식과 사고방식에 대한 훈련은 시켜 내보내야 하지 않을까요? 그런데 대학 교육의 현실은 그렇지 못한 것 같습니다.

우리의 대학 교육 현실은 몇 십 년 전의 산업화 시대에 만들어진 전공의 내용과 범위가 크게 바뀌지 않고 그대로 이어지고 있다 보니, 실제 새로운 변화에 대응할 수 있는 능력을 갖춘 인재를 원하는 기업과 대학에서 배출하는 학생들의 역량 간에 미스매치가 벌어지고 있는 것이 현실입니다. 새로운 4차 산업혁명 시대가 요구하는 기술, 지식, 사고방식을 어떻게 도입해서 학생들에게 무장을 시킬 것인지, 그리고 한 전공만이 아닌 여러 전공 분야의 융합과 여러 산업의 도메인과 신기술을 결합해 보는 실질적인 융합을 시도해 보려는 노력보다는 기존 전공의 틀 안에서 현상 유지를 하려는 경향이 더욱 강한 것이지요.

4차 산업혁명이 이제 막 시작되었고 앞으로 더욱 큰 영향력을 발휘할 것으로 예상되는 이 시점에, 더 이상 늦추지 말고 각 전공의 교육 과정들을 과거 산업화 시대의 패러다임에서 벗어나 제로 베이스에서 재검토해서 다가올 4차 산업혁명 시대에 진정으로 대학 교육을 받고 진출하는 젊은이들에게 필요하고 도움이 될 교육 프로그램이 무엇인지 고민하고 유연하게 현재의 교과 과정을 재편해 가는 노력이 필요해 보입니다.

세 번째는, 이미 사회에 진출한 사람들에 대한 재교육의 필요성입니다. 앞서 4차 산업혁명이 가져 올 변화 중 가장 염려스러운 것으로, 새로운 기술들이 기존에 인간들이 해온 단순 반복적인 일자리를 대체해서 일자리가 줄어들 것이고 한편으로는 기계가 대체하기 힘든 영역에서 새로운 일자리가 생겨나 고용시장에 큰 변화가 오게 됨으로써 이미 사회에 진출해서 생활을 영위하고 있는 사람들, 그중에서도 특히 단순 반복 작업을 하는 저임금 노동자들이 가장 큰 타격을 받을 것으로 본 점이지요. 현재 이러한 직업을 가지고 있는 사람들에게 어떤 대응이 필요할까요? 미국과 유럽에서 논의를 시작한 로봇세 같은 제도를 시행해서 신기술을 활용해서 인간의 일자리를 줄이는 기업에 세금을 부과하고 그 세금으로 일자리를 잃은 사람들에게 보조를 해주는 제도를 도입하면 이 문제가 해결이 될까요? 물론 이러한 방법이 단기적인 충격을 완화하는 효과가 있을 수는 있겠지만 근본적인 문제의 해결책은 될 수 없겠지요.

지금까지의 역사를 살펴보면 신기술이 확산되는 시간은 늘 예상보다 빠르게 진행되었고 이번 4차 산업혁명이 가져올 변화도 일반적으로 예상하고 있는 시간보다 더 빠른 속도로 다가올 것으로 보입니다. 그렇다면 지금부터라도 4차 산업혁명의 진전에 따라 큰 영향을 받게 될 직종에 종사하고 있는 사람들에 대한 재교육을 어떻게 추진해서 그 사람들이 사회의 낙오자가 되지 않고 사회의 일원으로 삶을 영위해 나갈 수 있도록 할 것인지에 대한 고민과 논의도 서둘러 시작해야 할 것으로 보입니다.


## 4차 산업혁명 시대가 요구하는 인재

4차 산업혁명이 사회와 경제에 많은 변화를 가져올 것이라는 점은 이미 여러 차례 강조되었습니다만, 이러한 4차 산업혁명시대에는 과연 어떤 인재가 필요할까요?

### 인재의 유형

인재의 유형을 산업 발전 단계와 연계해서 세 그룹으로 구분해 설명을 시작해 보겠습니다. 첫 번째 유형은 철도형 인재입니다. 이름 그대로 궤도 위에서 정해진 시간에 맞추어 정확히 움직이는 유형으로 매뉴얼 형이라고도 부릅니다. 이 유형의 인재는 오랜 시간에 걸쳐 미리 만들어진 궤도 위에서만 움직일 수 있다는 표현에도 나오듯이 이미 산업이 성숙되어 변화가 거의 일어나지 않는 단계에 적합한 인재로써, 정형화된 위기에 대한 대처 능력이 뛰어나며 정형화된 업무를 처리하는데 굉장히 효율적인 유형입니다. 그러나 이 유형의 인재는 환경 변화가 닥쳤을 때 이에 대한 대처 능력이 부족한 문제를 안고 있습니다.

두 번째 유형은 포장도로형 인재입니다. 이 유형의 인재는 미리 만들어진 포장도로 위에서만 움직일 수 있다는 한계는 철도형 인재와 유사하나, 포장도로 위에서 다양한 경로로 각자의 계획에 따라 움직이는 유형으로 각자의 역량, 도로 상황, 다양한 주행 요구 사항에 맞추어 다양한 차선과 다양한 속도로 움직이며, 추월도 가능한 자유도를 가지고 있다는 점이 다릅니다. 산업이 성숙기에 접어들기 전 한참 성장하고 있는 산업 발전 단계에 강점을 발휘할 수 있는 인재 유형으로 볼 수 있겠지요. 산업의 발전 방향과 경쟁의 룰은 어느 정도 정해져 있지만 아직 성장 기회가 많이 남아 있어 남보다 빨리 성장할 수 있는 길을 찾아 빠르게 움직이는 것이 경쟁에서 이기는 방법인 단계에서 적합한 인재 유형입니다.

세 번째 유형은 4차 산업혁명 시대가 요구하는 유형의 인재로 볼 수 있는 오프로드형 인재입니다. 선행자가 미리 만들어 놓은 궤도나 길이 아닌 새로운 길을 찾아 만들어 가는 유형으로, 다양한 기술에 대한 이해와 기존 질서에 대한 비판적 사고를 바탕으로 예측되지 않은 복잡한 문제에 대한 창의적 대처 능력이 뛰어나고 지속적인 도전을 통해 끝없는 자기 발전을 추구해 나가는 유형의 인재입니다. 산업 발전의 초창기, 산업 발전의 방향이 명확히 정립되기 전의 불확실성이 높은 시기에 위험 부담을 감수하고 새로운 사업 모델을 만들고 찾아가야 하는 시기에 필요한 인재상이지요. 4차 산업혁명 시대에 새로운 스마트 기술들이 출현하고, 이러한 기술들이 산업 간의 경계를 허물고 새로운 사업 모델과 시장을 빠르게 만들어 가는 단계에서는 기존의 고정관념이나 정해진 법칙에 따르는 사업 방식으로는 경쟁력을 만들어 갈 수 없겠지요. 과감한 도전의식으로 새로운 시도를 해갈 수 있는 오프로드형 인재가 4차 산업혁명 시대에 필요한 이유입니다.

4차 산업혁명 시대에 필요한 인재의 특징으로 오프로드형이라고 하는 다소 추상적인 용어를 사용했습니다. 이러한 관점 말고도 산업화 사회에서는 근로자의 계층을 현장 노동자를 상징하는 블루 칼라와 사무실에서 지식을 주로 사용하며 일을 하는 화이트 칼라로 구분해 왔습니다만, 2017년 초 세계 경제포럼에서 IBM의 지니 로메티 회장은 뉴 칼라라는 용어를 소개하며 디지털 기술을 통해 새로운 것을 창조하는 새로운 형태의 일을 하는 그룹이 나타나고 있다고 주장했습니다. 로봇과 인공지능의 시대에 인간만이 갖는 가치를 창출하며 산업화 시대와는 다른 새로운 형태의 일을 하는 그룹을 뉴 칼라라고 명명한 것이지요. 그리고 이러한 뉴 칼라형 인재들이 갖는 특징을 좀 더 구체화 해서 정의한 책도 최근에 국내에서 출간되었습니다(임미진 외 4인 지음, 새로운 엘리트의 탄생). 이 책에서는 뉴 칼라들의 특징을 다음의 다섯 가지로 표현하고 있습니다. 기술이 바꿀 미래를 내다보는가, 디지털 리터러시가 있는가, 세상을 바꾸고 싶은가, 끊임 없이 변화하는가, 손잡고 일하는 법을 알고 있는가입니다(임미진 외 4인 지음, 새로운 엘리트의 탄생, p. 101). 하지만 이 정의 역시 추상적인 감이 없지 않습니다.

## 4차 산업혁명 시대 인재의 역량

그러면 어차피 추상적일 수밖에는 없겠지만 여기서는 오프로드형 인재를 기본 유형으로 해서 4차 산업혁명 시대의 인재가 가져야 할 역량을 몇 가지 특징을 보완해서 설명해 보도록 하겠습니다.

4차 산업혁명 시대에 필요한 역량의 첫 번째는 창의성이 아닌가 합니다. 산업과 문화를 넘나드는 독창적인 시각과 획일적이지 않은 문제 인식 역량을 가지고 다양한 가치를 조합해서 새로운 대안을 제시할 수 있는 창의성이야말로 4차 산업혁명 시대에 필요한 오프로드형 인재가 가져야 할 첫 번째 역량이겠지요. 이러한 역량을 만들어 가는 방법으로 앞에서 설명한 "디자인 씽킹"과 같이 인간을 중심으로 하여 어떤 가치를 충족시켜 갈 것인가를 찾아가는 방법이 있을 수 있습니다.

두 번째는 협업 역량으로 새로운 시장 창조를 위해 다양한 문화, 기술, 회사에 대한 이해와 존중, 포용력을 가지고 다양한 이해 관계자와 협업을 함으로써 조직내의 부족한 역량을 보완해서 다양성 확보와 빠른 시장 대응을 가능하게 하는 Open Innovation을 할 수 있는 역량이 되겠습니다. 위에서 뉴 칼라의 특징의 하나로 거론된 손잡고 일하는 방법을 알고 있는가와 일맥상통하는 특징이라 할 수 있지요.

세 번째는 양손잡이/융합역량으로 다양한 경험과 폭 넓은 시야를 통한 균형 잡힌 역량을 유지하며, 스마트 기술과 산업 전문성을 동시에 확보한 복합적 전문성 및 다양한 지식들을 융합하는 유연한 사고를 가진 역량입니다. 새롭게 등장하는 기술들의 실체를 잘 파악하고 이를 자신이 속한 산업의 전문성, 즉 도메인 역량과 잘 결합하여 새로운 부가가치를 창출하는 융합 역량이야말로 4차 산업혁명 시대에 반드시 갖추어야 할 역량입니다.

네 번째는 학습 DNA로써 새로운 지식에 대한 뛰어난 흡수 능력을 가지고 새로운 것에 대한 끊임없는 학습과 축적을 하는 역량입니다. 기술이 바꿀 미래를 내다보며, 새로운 기술과 비즈니스 모델이 계속 출현 하더라도 본능적인 호기심으로 이들을 학습해 가며 계속 변신을 추구하는 역량이야말로 4차 산업혁명 시대와 같이 기술과 사업 환경의 변화가 심한 시대에서도 경쟁력을 발휘할 수 있는 역량이 되겠지요.

마지막 다섯 번째로는 오프로드형이라는 말 자체가 가지고 있는 도전정신이 되겠습니다. Ready-Fire-Aim의 접근 방식에서 보여주듯이 시행착오를 두려워하지 않고 도전해서 시행착오를 통한 학습 및 발전을 이루어가는 자세가 있어야만 4차 산업혁명 시대와 같이 변화가 빠르고 불확실성이 큰 환경에서 남들보다 앞서 갈 수 있는 조건을 만들어 갈 수 있겠지요.

"창의, 협업, 융합, 학습, 도전"이 다섯 가지의 키워드, 잘 새겨서 마음속에 간직하고 여러분 자신의 역량으로 키워 가시기 바랍니다.

이러한 4차 산업혁명이 요구하는 인재상을 키워 내고 확보해 가야만, 그동안 우리나라의 경제와 산업 발전에 기여해 왔으나 이제는 한계에 부딪친 Fast Follower를 탈피하고 4차 산업혁명 시대의 화두인 창의적인 융합을 통해 새로운 비즈니스 모델을 만들어 가는 First Mover로의 국가적인 패러다임 변화가 가능해질 것으로 보입니다.

## 4차 산업혁명 시대의 신직업(2017 신직업 연구, 한국고용정보원, 김한준 외 2명)

| 직업명 | 개요 | 비고 |
|---|---|---|
| SNS전문가 | SNS 상에서 기업 혹은 상품, 서비스 등의 홍보 및 마케팅, 고객과의 의사소통, 부정적 소문 및 이미지 관리 등의 일을 한다. | |
| 빅데이터 분석가 | 수집, 저장된 대량의 정형 또는 비정형 데이터를 분석하고 그 결과로부터 기업 혹은 공공기관 등에게 가치 있는 정보를 추출하는 일을 한다. | |
| 인공지능 전문가 | 인간의 뇌구조에 대한 지식을 바탕으로 컴퓨터나 로봇 등이 인간과 같이 사고하고 의사 결정할 수 있도록 인공지능알고리즘(딥러닝)을 개발하거나 프로그램으로 구현하는 일을 한다. | |
| 감성인식기술 전문가 | 인간의 감성에 부합하는 서비스를 제공하기 위하여 뇌파, 얼굴표정, 피부반응, 눈동자, 몸짓, 음성, 심장박동 등 생체정보를 정확히 인식하는 감성계측기술, 수직적으로 해석하는 기기를 개발하는 일을 한다. | |
| 클라우드컴퓨팅 보안개발자 | 일반 사용자와 기업사용자의 안정적인 클라우드서비스(플랫폼, 스토리지, 네트워크 등) 이용을 위해 보안기술을 개발하는 일을 한다. | 신규 |
| 디지털장의사 | 고객의 의뢰를 받아 고인의 개인정보를 토대로 생전에 인터넷에 남긴 기록들을 삭제하거나, 인터넷 상에서의 악성 댓글이나 루머, 고객 정보, 기록, 글, 사진 등 다양한 자료를 삭제해 주는 일을 한다. | |
| O2O서비스 기획자 | 다양한 ICT기술, 스마트폰기술, 위치정보기술 등을 이용하여 온라인과 오프라인이 유기적으로 연계된 서비스를 기획하고 개발하는 일을 한다. | 신규 |
| 클라우드 개발자 | 클라우드 서비스(스토리지, 플랫폼, 네트워크 등)에 대한 정확한 이해를 바탕으로 클라우드 서비스 이용자의 요구, 서비스 활용 유형, 서비스 선택 유형 등을 분석하여, 이에 적합한 클라우드 서비스를 개발하고 안정적으로 클라우드 서비스가 제공될 수 있도록 관리한다. | 신규 |

| | | |
|---|---|---|
| 사물인터넷기기<br>보안인증심사원 | 사물인터넷기기의 보안성 취약점을 개선하고 보안<br>사고를 사전에 예방하기 위해 제도화된 사물인터넷<br>기기보안 기준에 따라 기기를 평가하여 인증여부를<br>심사하는 일을 한다. | 신규 |
| 자율주행자동차<br>개발자 | 첨단 센서, 그래픽 기술, 3D 카메라, 레이더 등 기<br>기를 활용하여 주변 상황과 교통 상황을 정확히 판<br>단하여 운전자가 조작하지 않아도 스스로 주행하는<br>자동차를 개발하는 일을 한다. | 신규 |
| 유전학상담<br>전문가 | 환자와 가족들이 의학적, 유전적, 심리적, 사회적<br>측면에서 유전질환을 충분히 이해할 수 있도록 전<br>문적인 정보를 제공하고 가장 적절한 대응방법을<br>선택할 수 있도록 지원하는 일을 한다. | |
| 스마트팩토리<br>설계자 | 공장의 특성, 생산제품, 공정 등을 고려하여 ICT, 인<br>공지능, IoT 등의 스마트 기술을 적용하여 공장 상황<br>을 분석하고, 분석 결과를 토대로 스스로 공정을 연계<br>하고 제어하는 스마트팩토리를 설계하는 일을 한다. | 신규 |
| 로보어드바이저<br>개발자 | 활용 가능한 금융정보, 고객의 투자 성향 정보 등<br>의 분석 알고리즘을 개발하고, 이를 토대로 고객의<br>자산 운용을 자문하고 관리해주는 자동화된 서비스<br>를 개발하여 제공하는 일을 한다. | 신규 |
| 뇌-컴퓨터<br>인터페이스<br>개발자 | 인간의 뇌에 대한 깊은 이해를 토대로, 인간이 신<br>체동작을 의도하거나 외부자극에 반응할 경우 변화<br>되는 뇌 신호를 탐지하고 이를 토대로 컴퓨터에 명<br>령하고 컴퓨터가 반응하는 인터페이스 기술을 연<br>구·개발하는 일을 한다. | 신규 |
| 뉴로모픽칩<br>개발자 | 반도체 물질, 소자 등을 활용하여 인간의 신경망<br>(두뇌 뉴런세포의 동작과 구조, 뉴런과 뉴런 간의<br>시냅스 연결 등)처럼 작동할 수 있는 뉴로모픽칩을<br>개발·연구하는 일을 한다. | 신규 |
| 데이터브로커 | 소비자가 오프라인과 온라인, 모바일에서 활동하는<br>과정에 노출시킨 개인정보, 행동패턴정보 등에 관<br>한 데이터를 수집해 이를 제3자와 공유하거나 가공<br>하여 판매하거나 데이터 소유자와 데이터 고객을<br>연결하여 데이터 거래를 돕는 일을 한다. | 신규 |

| | | |
|---|---|---|
| 로봇윤리학자 | 인간의 윤리적 기준에 반하는 로봇 기능이 포함되었는지, 로봇의 판매 및 사용 목적이 윤리적 기준에 반하는지 등 로봇의 설계, 제조, 판매, 사용 등에서의 윤리적 기준을 연구하고 적용하는 일을 한다. | 신규 |
| 블록체인시스템 개발자 | 네트워크, 암호학을 바탕으로 거래 데이터를 중앙에서 보관하는 것이 아닌 거래 참여자들의 합의를 통해 분산 저장해 나가는 기술을 개발하여 은행과 같이 신뢰할 수 있는 기관 없이도 안전한 거래가 가능한 시스템 환경을 개발하거나 구축하는 일을 한다. | 신규 |
| 빅데이터플랫폼 개발자 | 빅데이터의 범위와 용도, 용량, 저장 공간, 처리속도 등을 고려하여 빅데이터를 처리, 분석하고 지식을 추출하여 가치 있는 정보를 제공하는 IT환경(시스템)을 설계·기획·구축하는 일을 한다. | 신규 |
| 공유경제 컨설턴트 | 공유경제를 실현할 수 있는 아이템을 발굴하고 이를 토대로 공유경제 비즈니스 모델을 개발하여 실행하거나, 공유경제 비즈니스 모델에 관한 컨설팅과 강의 등의 일을 한다. | 신규 |
| 3D프린팅 모델러 | 3D프린팅을 통해 3D형상을 제작하기 위하여 형상을 3D모델링으로 구현하여 프로그램화하는 일을 한다. | |
| 가상현실전문가 | 게임, 비행, 관광, 훈련 및 교육 등 가상현실에 대한 사용자의 요구, 사용목적 등을 파악하고, 이에 따라 가상현실콘텐츠와 시스템을 기획하고 개발하는 일을 한다. | |
| 헬스케어기기 개발자 | 다양한 센싱기기를 통해 생체신호를 수집·분석·해석하고 생체신호 간 상호관계를 검토하여 건강상태를 평가할 수 있는 시스템을 개발하는 일을 한다. | |
| 홀로그램전문가 | 홀로그래피기술(두 개의 레이저광이 서로 만나 일으키는 빛의 간섭효과를 이용하여 입체정보를 기록, 재현하는 기술)을 이용하여 실제 사물과 동일한 3차원 입체 영상을 공연, 전시 등에서 콘텐츠로 활용할 수 있도록 기획·제작하는 일을 한다. | |
| 원격진료 코디네이터 | 양방으로 통신할 수 있는 ICT기술을 활용해 거리와 관계없이 환자와의 상담을 통해 증상, 의료정보 등을 파악하여, 적합한 의사를 선정하고 정보를 | |

| | | |
|---|---|---|
| | 의사에게 전달하여 의사와 환자가 효과적으로 원격 진료를 할 수 있도록 돕는 일을 한다. | |
| 의료용로봇 전문가 | 의료용 로봇의 구조를 설계하고, 로봇의 구동 제어를 위한 알고리즘과 프로그램을 설계하는 등 의료용 로봇을 개발하며, 의료용 로봇의 기계, 전자, 소프트웨어 등의 성능 향상을 위해 연구·개발하는 일을 한다. | |
| 인포그래픽 기획자 | 사람들에게 전달할 데이터 정보의 특성, 유형 등을 분석하여 이해도와 수용성이 높은 시각적 인포그래픽을 기획하는 일을 한다. | |
| 드론촬영조종사 | 드론촬영의 특성, 목적, 용도 등과 함께 드론 비행규정 등을 고려하여, 적합한 촬영용 드론, 촬영 방법을 결정하며, 촬영을 위해 드론을 조정하는 일을 한다. | |
| 사물인터넷 개발자 | 사물과 사물, 사물과 사람이 인터넷으로 연결되어 서로 소통하고 상호작용하는 지능형 서비스 인프라를 구축하기 위해 관련 하드웨어, 소프트웨어 등을 설계·개발하는 일을 한다. | |
| 핀테크전문가 | 클라우드 펀딩, P2P, Lending, 금융결재, 자산관리 등 금융의 수요자와 공급자를 연결하여 금융 거래가 이루어질 수 있도록 지원하는 IT 플랫폼을 구축하는 일을 한다. | |
| 스마트공장 코디네이터 | 제조현장의 경쟁력 제고를 위해 중소·중견기업을 대상으로 국내 현실에 적합한 다양한 형태의 스마트공장 도입을 지원한다. | 신규 |
| 스마트도시 전문가 | 스마트도시의 개념에 대한 이해부터 스마트 도시 구성요소를 전부 반영하여 도시개발 계획을 수립한다. | 신규 |
| 가상훈련시스템 전문가 | 가상훈련시스템을 기획·설계 및 검증하며 가상훈련콘텐츠를 개발한다. | 신규 |
| 크라우드 펀딩매니저 | 크라우드펀딩 전반에 대한 지식과 성공에 필요한 전략을 이해하여 크라우드펀딩이 필요한 스타트업을 컨설팅 한다. | 신규 |
| 인간공학기술자 | 인간과 기계와 관련된 이론, 원리, 데이터를 적용하여 인간의 신체 및 특성과 전체 시스템 수행성을 최적화하고자 제품, 시설 및 환경을 설계하고 개발한다. | 신규 |

# 마무리

이제 마무리를 해보도록 할까요?

첫 장에서 설명했듯이 4차 산업혁명이라는 용어는 World Economic Forum의 의장인 클라우스 슈밥이 2016년 1월 다보스 포럼에서 처음 사용하며 우리에게 알려지기 시작했습니다. 아직 3년이 채 안 된 셈이지요. 하지만 4차 산업혁명이라는 화두는 이미 모든 사람들의 입에 오르내릴 정도로 보편화 되고 있고 이에 어떻게 대응해 갈 것인가가 많은 국가와 기업, 개인들의 고민이 되고 있습니다. 그럼에도 불구하고 4차 산업혁명에 대해서는 아직도 그 실체에 대해서 다양한 의견이 존재하고, 3차 산업혁명을 주창한 제레미 리프킨 같은 경제사 학자도 4차 산업혁명은 허구다라는 주장까지 서슴치 않고 있습니다.

이러한 혼란은 첫 장에서 살펴보았듯이 산업혁명에 대한 정의와 역사에 대한 설명이 각각의 주체에 따라 달랐던 것에 그 첫 번째 원인이 있었던 것으로 보입니다. 특히 클라우스 슈밥이 4차 산업혁명 이전에 있었던 2차 산업혁명과 3차 산업혁명을 정의하는 과정에서 인더스트리 4.0이 정의한 인더스트리 2.0과 3.0의 제조 생산성 혁신 기술을 그대로 산업혁명의 핵심 기술로 인용하면서, 산업혁명의 역사와 인더스트리 4.0의 역사가 혼재되어 설명되었고 그 결과로 2차 산업혁명 이후 산업혁명을 일으켜 간 핵심 기술과 산업혁명의 범위에 혼란이 일어나게 되었습니다. 그리고 인더스트리 4.0과 4차 산업혁명은 현재 진행 중에 있어 동인이 되는 핵심 기술은 거의 같다고 볼 수 있지만, 그 대상 산업의 범위에서는 분명히 차이가 있는 것으로 보아야 합니다. 인더스트리 4.0은 제조업을 대상 범위로 하여 스마트 기술을 적용하며 생산성 혁신을 이루어가는 것이며, 4차 산업혁명은 제조업을 포함해서 전 산업에서 스마트 기술을 활용하여 생산성의 혁신과 새로운 산업을 만들어 가는 것으로 이해하는 것이 옳다고 봅니다.

다시 산업혁명의 역사로 돌아가 정리해 보면, 1차 산업혁명까지는 모두 공통된 인식을 가지고 있습니다. 18세기에 증기기관이라는 자연의 힘이 아닌 인간이 과학기술로 만들어낸 동력이 산업에 적용되면서 생산성이 비약적으로 향상되며 사회·경제적으로 커다란 변혁을 가져온 역사적 사실을 경제학자인 아놀드 토인비가 산업혁명이라고 명명하면서 산업혁명이라는 용어가 처음 사용되었고 이를 뒤에 일어난 산업혁명과 구분하기 위해 후에 1차 산업혁명이라고 부른 것이지요. 하지만 2차 산업혁명부터는 견해 들이 조금 엇갈리기 시작합니다. 인더스트리 4.0에서 설명하는 인더스트리 2.0은 전기와 컨베이어 벨트 등의 도입으로 제조업의 생산성 혁신이 비약적으로 향상된 시기를 의미하여 제조업 중심 으로 일어난 변혁을 정의하고 있고, 3차 산업혁명이라는 용어를 널리 퍼뜨린 제레미 리프킨 같은 경우는 19세기 말 20세기 초에 교통, 통신, 에너지 기술의 혁신으로 미국을 중심으로 일어난 사회 경제적인 변혁의 시기를 2차 산업혁명이라고 불렀습니다.

이러한 견해는 우리가 일반적으로 알고 있었던 2차 산업혁명 에 대한 이해와는 차이를 보이고 있습니다. 저는 2차 산업혁명에 대해 여러분들이 알고 계시는 바와 같이 19세기 말에서 20세기 초에 일어난 광범위한 기술 혁신, 즉 증기기관이라는 동력만이 아닌 전기와 내연기관에 의한 동력원의 확대와 컨베이어 벨트의 도입에 의한 생산체계의 획기적 혁신으로 제조업의 생산성에 획 기적인 변혁을 일으켰으며, 이러한 제조 방식의 혁신만이 아니라 새로운 에너지원으로 석유를 사용한 자동차를 발명함으로써 자 동차를 비롯한 기계 공업에 기술 혁신이 일어났고, 더 나아가 석 유 정제 기술을 발전시켜 화학 산업, 섬유 산업이라고 하는 새로 운 산업을 탄생 시켰으며, 의학의 발전으로 인한 의료 산업, 전기 를 활용한 통신 산업 그리고 이어진 모든 산업에서의 생산성 향상으로 인한 경제 규모의 확대로 대량 유통, 금융 등 다양한 산업들이 나타난 시기를 2차 산업혁명이라고 보는 것이 바른 이해라고 봅니다.

우리가 지금 알고 있는 산업의 체계는 2차 산업혁명에 의해 만들어진 것이고, 그동안 많이 사용해 왔던 "산업화"라는 용어도 2차 산업혁명에 의해 만들어진 것입니다. 더 나아가 2차 산업혁명에 대한 대응의 결과가 100년 이상 지난 지금까지 전세계 국가들의 힘과 부의 질서를 만들었지요. 우리는 이러한 산업화 과정에서 뒤쳐지는 바람에 나라도 잃고 가난하게 살았던 역사를 가졌었고, 최근 몇 십 년 동안 열심히 힘을 모아 노력해서 이제서야 뒤쳐졌던 산업화 과정을 많이 따라잡은 셈입니다. 이러한 경험이 지금 다시 4차 산업혁명이라는 새로운 트렌드에 예민하게 반응해야 하는 이유이기도 하겠지요.

3차 산업혁명에 대해서는 제레미 리프킨 같은 경우는 교통, 통신, 에너지 분야가 디지털 기술과 결합하여 혁신을 일으켜 가고 있는 현재 진행형인 변혁을 지칭하고 있습니다만, 보편적인 이해는 1960년대부터 상용화 되기 시작한 컴퓨터가 기반이 되고 이에 인터넷 기술을 비롯한 네트워크 기술이 결합된 디지털 기술이 전 산업에 영향을 미쳐 생산성 혁신을 일으키고 디지털 기술을 활용한 포털, 검색, SNS, 게임 등 새로운 산업을 만들어낸 정보화 혁명을 3차 산업혁명이라고 이해하고 있으며 아직도 진행

중으로 보기도 합니다.

4차 산업혁명은 2016년에 처음으로 클라우스 슈밥이 이 용어를 사용하며 많은 사람들의 화두가 되고 있고, 디지털 기술이 진화한 스마트 기술이 동인이 되어 다양한 산업에 영향을 미치면서 혁신을 일으켜가고 있는 현재 진행형인 사회·경제적인 변혁이며 그 내용에 대해서는 이 책의 앞에서 상세히 설명이 되었습니다.

그러면 3차 산업혁명과 4차 산업혁명은 어떻게 다르게 이해해야 할까요? 많은 분들이 3차 산업혁명과 4차 산업혁명의 차이에 대해 혼란스러워 하고 있으며 이러한 혼란의 출발은 두 산업혁명의 동인이 되는 혁신 기술이, 디지털 기술이라고 하는 뿌리가 같음에서 오는 것이라고 봅니다. 클라우스 슈밥도 4차 산업혁명의 동인이 되는 기술을 설명하며 그 중심에 "진화된 디지털 기술"이 있다고 하였지요. 또한 3차 산업혁명을 일으켜온 디지털 기술이 아직도 그 영향이 큰 상태에서 새롭게 4차 산업혁명이라는 시대가 도래하였다고 보는 것이 성급하게 보이기도 합니다. 따라서 지금 진행되고 있는 인공지능을 비롯한 스마트 기술의 도입으로 인한 여러 산업의 혁신을 3차 산업혁명의 발전된 모습으로 이해하는 것도 틀린 관점은 아니라고 보여 집니다. 그래서 실리콘 밸리를 비롯한 디지털 기술의 발전을 이끌어 온 미국에서는 4차 산업혁명이라는 용어를 거의 사용하고 있지 않으며, Digital Revolution이나 Digital Transformation이라는 용어로 최근의 광범위한 산업의 혁신을 표현하고 있습니다. 또한 산업혁명이라고 하는 인류 역사의 큰 모멘텀을 역사가가 후에 평가해서 정의하는 것이 아니라 그 변화가 막 시작되는 시점에 이제부터 시작된다고 선언하는 것이 너무 성급한 면도 있습니다.

하지만 앞에서 살펴보았듯이 최근에 진행되고 있는 새로운 기술의 발전과 그 영향은 지금까지 있어 왔던 변화의 연장으로만 보기에는 그 변화의 폭과 속도가 너무 크고 빨라, 새로운 마음가짐과 태세로 무장을 하고 대응해가는 것이 더 적절하다고 볼 수 있습니다. 그래서 3차 산업혁명의 연장이냐 아니면 새로운 산업혁명의 시작이냐라는 논쟁으로 에너지를 쓰기보다는 지금 분명히 밀어 닥치고 있는 새로운 기술의 패러다임을 그대로 받아들이고 어떻게 이러한 변혁에 잘 대응해 갈 것인가를 고민하는 것이 훨씬 생산적이고 중요하다고 하겠습니다.

또한 4차 산업혁명을 바라보는 관점도 4차 산업혁명을 만들어 가고 있는 스마트 기술들에 대한 균형 잡힌 이해와 스마트 기술들이 기존의 산업에 응용되어 어떻게 각 산업을 혁신시켜 나갈지를 남들보다 앞서서 찾아내어 사업으로 연결시켜 나가는 기술과 산업의 융합이 중요합니다.

지금 우리나라의 경제와 산업은 중요한 분기점에 와 있습니다. 산업화에 뒤쳐져서 고생했던 역사가 아직도 생생하고, 그 간 몇 십 년 간의 피나는 노력으로 산업화를 겨우 따라잡고 정보화 혁명에서 남들보다 약간 앞섰다는 평가를 받고 있던 중에 4차 산업혁명이라고 하는 새로운 변화가 다시 밀어닥치고 있습니다. 과거 우리의 선조가 세계의 흐름을 제대로 따라가지 못해 후손들이 고생을 했던 역사를 되풀이 하지 않으려면 현상을 유지하려는 자세보다는 새로운 변화에 어떻게 제대로 대응할 것인가 적극적으로 변화를 받아들이는 자세가 필요하고 이에 우리 모두의 힘과 노력을 쏟아 부어야 하겠습니다.

# 에필로그

지금까지 4차 산업혁명 시대의 도래와 동인이 되는 주요 기술 및 산업의 변화, 그리고 영향 및 대응 방안에 대해 많은 논의가 있었고 이러한 논의 과정에서 공통적으로 언급되고 있는 것은 우리의 경제, 산업, 사회에 엄청나게 빠른 변화가 밀어 닥치고 있다는 것입니다. 하지만 한편에서는 아직도 4차 산업혁명에 대해서 그 실체를 잘 모르겠다거나 그동안 해오던 대로 변화에 맞추어 대응해 가면 되는 것 아닌가 하는 생각들도 있는 것 같습니다.

그러나 지금 벌어지고 있는 4차 산업혁명이 가져오고 있는 변화는 그 변화의 폭과 속도 면에서 그동안 있었던 산업계의 변화와는 많이 다른 양상을 보이고 있음이 나타나고 있습니다. 이에 4차 산업혁명에 대한 논의를 마무리 하면서 제가 느끼고 있는 4차 산업혁명이 가져올 충격을 다음 사례에 비추어 설명해 보고

자 합니다.

아직 확실히 100% 과학적으로 입증된 것은 아니지만 지금부터 약 6천 5백만 년 전 지구 전체의 생태계에 대변화를 일으킨 백악기 대량 절멸에 대한 원인을 과학자들은 이 시기에 있었던 운석이 지구와 충돌한 것으로 보고 있습니다. 운석의 충돌 전인 약 2억 5천만 년 전부터 지구 생태계의 절대 강자는 공룡으로, 빠른 진화를 하며 번성한 지구 생태계의 절대 강자였습니다. 하지만 운석의 충돌로 기후 변화, 해수면 변동 등 급격한 환경의 변화가 일어났고 이 시기에 공룡을 비롯한 지구 생명체의 76% 정도가 멸종한 것으로 추정하고 있으며, 이 시기를 "백악기 대량 절멸"이라고 부르고 있습니다. 하지만 이 시기에도 모든 생명체가 사라진 것은 아니고 새로운 환경 변화에 적응한 생명체들은 살아남을 수 있었는데, 공룡을 피해 야행성 생활을 택한 작은 포유류들과 이빨 대신 부리가 발달해 씨앗을 먹을 수 있었던 조류들이 살아남았습니다.

그리고 백악기 이후 지구 생태계의 새로운 강자로 인류가 진화하여 나타나게 되었는데, 인류가 지구 생태계의 강자로 진화한 이유를 세 가지 정도의 특징으로 설명하는 이론이 있어 여기에 설명하고자 합니다.

첫 번째 인류가 지구 생태계에서 경쟁력을 갖게 된 진화 방향은 지능화입니다. 현재 인류의 뇌 용량은 초기 인류보다 4배가량

커졌고 몸 전체 에너지의 20% 가량을 뇌에서 소비할 정도로 인류의 몸에서 뇌의 비중이 다른 동물보다 확연히 커지는 진화를 한 것으로 추정을 합니다. 그만큼 뇌 용량을 키워 지능화를 함으로써 다른 동물들보다 경쟁력을 가질 수 있었다고 보는 것이지요.

두 번째 진화 방향은 연결성입니다. 물론 다른 동물들도 일부 언어를 사용하고 있다는 연구 결과도 있습니다만 인류의 언어 하고는 상대가 될 수 없는 수준입니다. 인류만이 활발하게 언어를 사용하는 방향으로 진화를 함으로써 최소한의 의사소통 수단에서 점차 집단을 구분하는 것으로 분화·발전하였으며, 언어의 사용으로 감정과 의도를 전달하고 교화하며, 지식을 교환하고 축적할 수 있는 수단으로 발전시켜 나가 인류 개개인의 경쟁력이 아닌 집단의 힘으로 다른 동물들과 경쟁을 할 수 있는 힘을 만들어 갔다고 보는 것이지요.

세 번째 진화 방향은 문화의 융합입니다. 인류가 작은 무리에서 시작해서 교류를 통해 점차 큰 무리를 만들어 가고 사회화 되며 새로운 문화를 창조해 가는 진화를 거듭해서 지금과 같은 국가 사회를 이룰 수 있었다고 보는 겁니다.

인류의 진화 방향에 사용된 용어들이 어디서 많이 듣던 것 같지 않습니까? 앞서 설명 드린 4차 산업혁명의 키워드인 초지능, 초연결, 융합이라는 용어가 우연일 수도 있습니다만, 운석의 충돌로 인한 백악기 대절멸 이후 지구 생태계의 강자로 떠오른 인류의 세 가지 진화 방향과 일치하고 있습니다. 운석의 충돌로 인한 지구 생태계의 변화와 4차 산업혁명으로 인한 산업 생태계의 변화를 비유하는 사례가, 물론 비약이 있을 수도 있습니다만 그만큼 큰 변화가 닥치고 있다는 것을 실감하기 위한 사례로 사용해 보았습니다.

이제 4차 산업혁명으로 인한 변화가 우리의 실생활까지 영향을 미치는 시대가 되었습니다. 이러한 시기에 변화를 작게 보고 대응하기보다는 4차 산업혁명을 인류에게 급속하게 다가오는 대변혁의 모멘텀으로 인식하고, 새로운 생존과 성공의 법칙에 빠르게 적응하려는 노력에 매진하는 개인과 기업에게 스마트 산업의 생태계를 앞서 갈 수 있는 기회가 열릴 것으로 확신합니다.

이 책을 마무리하며 제 기억에 인상 깊었던 사진 하나를 소개하고자 합니다. 사진에 대한 소개는,

"무선 시대의 시민들은 각자의 '수신기'를 하나씩 가지고 여기저기를 돌아다니게 될 것이다. 이 수신기는 모자 안이나 그 밖의 다른 곳에 부착되고, 진동에 의해 조작될 것이다. (중략) 모든 예술적 향연과 지구상의 지식은 이 수신기를 통해 무선으로 전달될 것이다."

## 100년 후의 세계

상상은 현실이 된다.
누가 먼저 상상을 현실로?
Agility

이 사진을 보며 어떤 생각이 드세요? 이 그림은 1912년 독일의 로버트 슐로스Robert Sloss라는 사람이 쓴 "100년 후의 세계: Die Welt in 100 Jahren"이라는 책에 나오는 사진입니다. 좀 엉성하기는 하지만 지금의 장소에 구애 받지 않는 커뮤니케이션의 세계인 무선 인터넷 시대를 그려내고 있지요. 1912년 이면 우리나라가 일제 치하에 들어간 초기입니다. 100년 전의 예측은 지금 그대로 현실이 되었고 100년 전 예측 속의 세상을 현실로 만들어 낸 기업들은 성공한 기업이 되었습니다.

상상은 현실이 됩니다. 과연 누가 상상을 현실로 만들어 낼 수 있을까요? 지금 여러분 주변에는 여러분의 상상을 현실로 만들어 줄 기술들이 넘쳐나고 있습니다.

자 여러분들도 이제 4차 산업혁명에 대해 좀 더 관심을 가지고, 잘 이해하고 활용해서 시대를 앞서가는 경쟁력을 만들어 보도록 하시지요.

## 공저자 소개

### 김대훈

중앙대학교 석좌교수. 서울대학교 경영대학을 졸업하고, 한국과학기술원(KAIST)에서 산업공학 석사학위를 취득하였으며, 하버드 비즈니스 스쿨의 최고경영자 과정인 AMP, 스탠포드 비즈니스 스쿨의 최고경영자 과정인 SEP를 수료하였다.

1979년 KAIST 입학과 동시에 현 LG전자의 전신인 금성사에 입사하였고, 2년간의 KAIST 학업을 마친 후 업무에 복귀하여 금성사의 기술 개발, 심사 부서를 거쳐 그룹 기획조정실과 회장실로 자리를 옮겨 LG그룹의 전기전자 산업의 전략과 조직을 재편한 F88 프로젝트, 그룹의 비전수립과 조직을 재편한 V프로젝트에 실무 주역으로 참여하였다.

1994년부터 현 LGCNS의 전신인 STM으로 자리를 옮겨 컨설팅본부장, 부동산등기 프로젝트의 PM, 전자사업부장, CTO 등을 역임하고 공공 금융 서비스 등 대외 사업을 책임지는 사업본부장을 다년간 수행하였다. 2008년 1년간의 안식년과 2009년 그룹 자매사인 서브원의 G 엔지니어링 사업본부장을 거쳐 2010년부터 6년간 LGCNS의 CEO와 7년간 한국 정보산업연합회 회장을 역임하였다.

22년간 IT 서비스 산업 현장에서 다양한 신기술이 적용된 사업을 수행해오다 2017년부터 중앙대학교의 소프트웨어학부에서 석좌교수로 재직 중이다.

전자정부 발전에 기여한 공로로 동탑 산업훈장을, 신에너지 산업 발전에 기여한 공로로 은탑 산업훈장을 수상하였고, 역서로 2009년 발간한 제임스 챔피의 『아웃 스마트』가 있다.


### 장항배

중앙대 경영경제대 산업보안학과 교수. 연세대학교에서 정보시스템 박사학위를 취득하였고, 공학과 사회과학의 융합적인 방법으로 보안의 문제를 해결하는 산업보안학과를 중앙대학교에 개설하였다. 이후 산업통상자원부 '산업보안 특성화 대학', 교육부 '인간 중심의 융합보안 경영연구' 등에서 총괄책임 역할을 맡아 산업보안 연구와 인력양성에 기여하였다. 국회 산업통상자원중소벤처기업 위원장상과 (사)한국IT서비스학회 우수연구자상을 수상하였으며, 현재 (사)한국융합보안학회 학회장과 과학기술정보통신부 블록체인서비스연구센터(ITRC) 센터장을 수행하며 보안기술 개발과 서비스 사업화 연구를 진행하고 있다.

## 박용익

컨설팅과 빅데이터 전문가. 연세대학교에서 경영정보시스템(MIS)으로 박사학위를 취득하고 컨설팅에 투신하여 국내외 주요 컨설팅 회사를 두루 거치며 디지털 혁신과 디지털 신사업 관련 컨설팅을 주도하였다. LGCNS 재식 시 공저자인 김대훈 교수와 함께 국내 최초로 빅데이터 관련 사업을 추진하여 국내 최대 규모로 키운 바 있다. 현재는 Dassault Systemes에서 컨설팅 및 Alliance업무를 총괄하고 있다.


## 양경란

LGCNS 총괄컨설턴트. LGCNS에서 IT기술 기반의 비즈니스 프로세스 혁신 컨설팅을 주로 수행했으며, LG전자에서 구매와 R&D 분야의 비즈니스 프로세스와 IT시스템 혁신을 리딩한 바 있다. 2015년부터 세상의 변화를 인지하고 디지털비즈니스 분야에 집중하여 모바일, AI/빅데이터, IoT, AR/VR, 블록체인 등의 디지털 기술을 활용한 새로운 서비스 모델과 고객경험창출을 통해 기존 기업이 어떻게 디지털 트랜스포메이션해야 하는가에 대한 컨설팅을 수행 중이다. 디지털비즈니스 시대의 핵심 역량으로 디자인씽킹을 강조하며, 디자인으로 유명한 핀란드 Aalto대학의 MBA 코스를 통해 디자인 경영과 디자인 이노베이션을 전공하였다.

스마트 기술로 만들어 가는 4차 산업혁명

초판발행          2018년 11월 30일
초판 2쇄 발행    2019년  1월 10일

지은이            김대훈·장항배·박용익·양경란
펴낸이            안종만

편 집             한두희
기획/마케팅       박세기
표지디자인        권효진
제 작             우인도·고철민

펴낸곳            (주) 박영사
                  서울특별시 종로구 새문안로3길 36, 1601
                  등록  1959. 3. 11. 제300-1959-1호(倫)
전 화             02)733-6771
f a x             02)736-4818
e-mail            pys@pybook.co.kr
homepage          www.pybook.co.kr
ISBN              979-11-303-0666-7   03500

정 가          19,000원